变频器应用教程

第 3 版

张燕宾　编著

机械工业出版社

本书主要介绍了异步电动机的能量传递、交–直–交变频器、变频拖动系统、变频器的内部控制电路、变频器的应用技术、变频调速系统实验、几种自制器件和无触点快速制动器。

本书突出了各部分的核心内容，语言表述清晰、通俗易懂。

本书适合工矿企业中的工程师和技术工人阅读，也可以作为中专和高职的教材。

图书在版编目（CIP）数据

变频器应用教程/张燕宾编著. —3 版. —北京：机械工业出版社，2019.3（2023.1 重印）

ISBN 978-7-111-62255-0

Ⅰ.①变… Ⅱ.①张… Ⅲ.①变频器–教材 Ⅳ.①TN773

中国版本图书馆 CIP 数据核字（2019）第 048544 号

机械工业出版社（北京市百万庄大街 22 号　邮政编码 100037）

策划编辑：林春泉　责任编辑：林春泉

责任校对：张　薇　封面设计：鞠　杨

责任印制：常天培

北京机工印刷厂有限公司印刷

2023 年 1 月第 3 版第 5 次印刷

140mm×203mm·9.25 印张·271 千字

标准书号：ISBN 978-7-111-62255-0

定价：39.00 元

凡购本书，如有缺页、倒页、脱页，由本社发行部调换

电话服务　　　　　　　　　　　网络服务

服务咨询热线：010–88361066　　机工官网：www.cmpbook.com

读者购书热线：010–68326294　　机工官博：weibo.com/cmp1952

　　　　　　　　　　　　　　　金书网：www.golden–book.com

封面无防伪标均为盗版　　　　教育服务网：www.cmpedu.com

前　言

当编辑要我撰写《变频器应用教程》第 3 版时，我的头脑里一片空白。因为再版是需要有相当数量的新内容的，我还能补充些什么呢？

无意间，计算机里"跳"出了一封读者的邮件。这给了我启发，我干脆将近年来读者的问题和意见全部翻了出来，认认真真地阅读起来。读着读着，脑海里竟浮现出了一个词：纲举目张。于是脑海里就翻腾起来了：在每一章每一节，能否都找出"纲"呢？

当我努力为各章找到"纲"时，感觉对许多问题的理解理顺了。再反过来审视原来的书稿时，就觉得有点散，于是决定对全书彻底改写。改写的目的是努力在每一章里找出"纲"来，以帮助读者抓住要点，理出头绪。当然，这种努力只能顺势而为，避免牵强。

我一遍又一遍地梳理着读者的意见，决定在下面两个方面努力改进：

一是修枝强干。

"修枝"是删去在实际工作中很少用到的功能，以及作为使用者不必过于深入了解的内容。

"强干"就是将每章的核心内容梳理得更加清楚。

二是语言力求更加通俗。有位读者建议在说明一些问题时，希望"多说几句"。我在 1965 年曾主讲过"样板课"，一位老教师评论说："整堂课没有半句废话"。我一直以此为荣，写起文章来力求简练。细细想来，如果站在初学者的角度去思考，对于太过简练的语言，的确也很难有所体会。所以决定接受读者的意见，尽量用通俗的语言"多说几句"。但积习难改，能否满足读者的要求，还不敢说。

最后，还要对两篇附录说几句。第 2 版后面的附录 A 是应一些中专老师的要求，提供一些实验项目的参考资料。在读者来信中未有反馈意见，这次就保留了下来。附录B原来是介绍几种自制小产品，现在看来似已过时，代之以我的一个小"发明"。

几年前，在为某厂进行龙门刨床的变频改造。在已经调试完毕快要收工时，厂里突然停电，由于刨台的惯性很大，竟滑出了床身。厂里调来了起重机，才把它重新归位。厂领导问，能否在停电时把刨台停住？人们议论纷纷，都停电了，哪里能产生使刨台停住的力量？除非安装电磁制动器。但安装电磁制动器不仅费钱，而且工程十分繁杂。

我经过几天的苦苦思索，终于设计出了一个无触点快速制动电路，十分圆满地解决了问题，后来就制作成了无触点快速制动器。上海的智达公司（美资企业）在万能铣床上试验取得了成功，后又用来控制桥式起重机的精准定位，也取得了成功。曾打算生产，遗憾的是该公司老板不幸因病去世，生产之事未能实现。后来有一位读者用到炼胶机上，也取得了满意的结果。

我深信，这个项目具有十分广泛的用途，值得推广。但我已年迈，无力也无意靠此获利。今公之于众，贡献给有兴趣的读者，希望它能发挥一点作用。

我是一头八旬的老黄牛，能够在有生之年对普及变频调速技术再做一点事情，是我的荣耀，如能及格，则心满意足矣。

目　录

第 1 章 ▶▶▶▶▶

异步电动机的能量传递

1.1 后来居上的异步电动机

在电动机家族里，异步电动机是小弟弟，它的出生比直流电动机晚了几十年。但在电力拖动领域，由于它应用很广，后来居上，将直流电动机远远地抛在了后面。

1.1.1 无与伦比的转子结构

1. 三相交流异步电动机的构造

三相交流异步电动机是所有电动机中构造最简单的一种，其基本结构如下：

1）定子　定子铁心由硅钢片叠成，铁心槽中安置三相绕组。所谓三相绕组，就是三组在空间位置上互差 $2\pi/3$（120°）电角度的绕组，如图 1-1a 所示。这样的定子结构和同步电动机完全相同，并无优势。

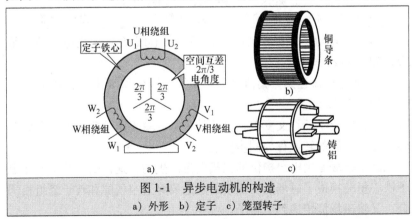

图 1-1　异步电动机的构造

a）外形　b）定子　c）笼型转子

2）转子　转子铁心也由硅钢片叠成，铁心槽中安置短路绕组，用得最多的是笼型转子。转子绕组由铜条或铝条构成，两端由铜环或铝环将所有导体短路，如图1-1c所示，转子绕组不必和外电路相连。这样的结构，非但简单，并且十分坚固。这是异步电动机在电力拖动领域应用得最多的根本原因。

2. 电能转换成磁场能

把时间上互差 $2\pi/3$（120°）电角度的三相交变电流通入到空间上也互差 $2\pi/3$（120°）电角度的三相绕组中去，所产生的合成磁场的中心线总是和电流达到振幅值的绕组轴线相重合。

当 U 相电流达到振幅值时，磁场的中心线和 U 相绕组的轴线重合，如图1-2a所示。

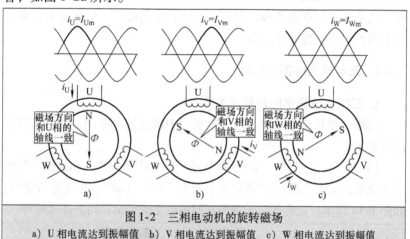

图 1-2　三相电动机的旋转磁场

a）U 相电流达到振幅值　b）V 相电流达到振幅值　c）W 相电流达到振幅值

当 V 相电流达到振幅值时，磁场的中心线和 V 相绕组的轴线重合，如图1-2b所示。

当 W 相电流达到振幅值时，磁场的中心线和 W 相绕组的轴线重合，如图1-2c所示。

三相电流不断地交变着，磁场的中心线就不断地旋转着，形成旋转磁场。旋转的转速称为同步转速。

旋转磁场是由电源提供的三相电流产生的，这说明三相电流在定子铁心里转换成了磁场能。磁场的磁通要穿过空气隙和转子绕组相耦合，又将磁场能传递到了转子。

3. 磁场能转换成机械能

旋转磁场被静止的转子绕组切割，转子绕组中将产生感应电动势和感应电流，其方向由右手定则来判定，如图 1-3a 所示。

转子绕组中的电流又和定子的旋转磁场相互作用，产生电磁力和电磁转矩，方向由左手定则决定，如图 1-3b 所示。由图 1-3 可知，电磁转矩的方向和磁场的旋转方向相同。在电磁转矩的作用下，转子将旋转起来。转子就这样地将磁场能转换成了能够旋转的机械能。

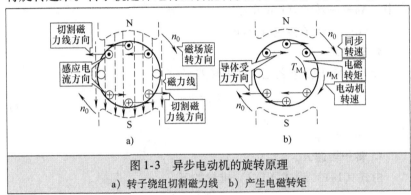

图 1-3　异步电动机的旋转原理

a）转子绕组切割磁力线　b）产生电磁转矩

因为转子产生感应电动势和感应电流的前提条件是转子绕组必须切割旋转磁场，所以，转子的转速总要低于旋转磁场的转速，故称为异步电动机。

1.1.2　诞生就知变频好

几个基本公式：

1. 同步转速

即旋转磁场的转速，计算公式如下：

$$n_0 = \frac{60f}{p} \tag{1-1}$$

式中　n_0——同步转速（r/min）；

　　　f——电流的频率（Hz）；

　　　p——磁极对数。

式（1-1）表明，当电动机的磁极对数一定时，同步转速与电流的频率成正比；而在额定频率下，同步转速与磁极对数的关系见表 1-1。

表1-1 同步转速与磁极对数的关系

磁极对数	1（2极）	2（4极）	3（6极）	4（8极）	6（12极）
同步转速/(r/min)	3000	1500	1000	750	500

2. 转差

即转子转速与同步转速之差。

$$\Delta n = n_0 - n_M \tag{1-2}$$

式中　Δn——转差（r/min）；

　　　n_M——转子转速（r/min）。

3. 转差率

转差与同步转速之比，称为转差率

$$s = \frac{n_0 - n_M}{n_0} \tag{1-3}$$

式中　s——转差率。

4. 转子转速 n_M

由式（1-1）和式（1-3）推导如下：

$$n_M = n_0(1-s)$$
$$= \frac{60f}{p}(1-s) \tag{1-4}$$

式（1-4）告诉我们，改变电流的频率 f，就改变了旋转磁场的转速（同步转速），也就改变了电动机输出轴的转速：

$$f \downarrow \rightarrow n_0 \downarrow \rightarrow n_M \downarrow$$

所以，调节频率可以调速的特点是和异步电动机与生俱来的，如图1-4所示。

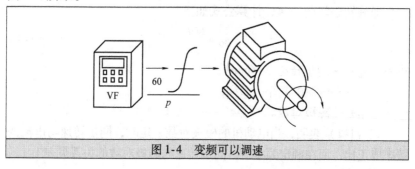

图1-4 变频可以调速

1.2 能量传递的平衡关系

自然界做功的过程，永远是施加能源的一方，克服接受能源一方反作用的过程。或者说，施加能源的一方总是在克服反作用的过程中做功。因此，所有做功的过程必存在着施加能源的一方和接受能源的一方之间的平衡关系。

异步电动机的能量传递有 3 个环节：

定子绕组接受电源功率的环节，是电源在做功，由定子电路完成；定子将能量传递给转子的环节，是磁场在做功，由将定、转子耦合到一起的磁路完成；转子带动负载旋转的环节，是转子的电磁力在做功，并由转子的电磁转矩完成。

电动机的根本任务是让它的转子带动生产机械旋转，从而输出机械能。而转子带动生产机械旋转的能力，来之于转子得到的磁场能。所以磁场能在异步电动机里起着至关重要的作用。

1.2.1 定子建立磁场的平衡关系

1. 能量的载体
定子的三相绕组从电源接受电能，是能量的载体。

2. 平衡要点
1）作用的一方 是电源电压，它要在定子绕组里产生交变电流，建立交变磁场，如图 1-5 所示。

2）反作用的一方 定子电流产生的旋转磁场，也要被定子绕组自身所"切割"，并产生感应电动势。因为是定子绕组"切割"了自身产生的磁场，所以是自感电动势，根据楞次定律，

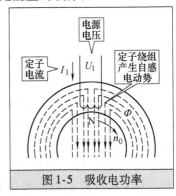

图 1-5 吸收电功率

自感电动势具有阻碍电流变化的性质。就是说，它的作用是和外加电压相反的，构成了对外加电压的反作用，通常称为反电动势。

3）定子电路做功的标志 定子绕组里通入了定子电流，并建立了旋转磁场。

4) 结论　电源电压是在克服定子绕组的反电动势的过程中产生了三相电流的。

3. 定子的等效电路

1) 等效电路的含义　电动机的结构如图 1-1 所示，要想对其运行过程做定量分析显然是十分困难的。于是，人们找到了一种工具，能够把电动机中能量的动态转换过程用静态电路表达出来，称为等效电路。等效电路是定量分析异步电动机运行状况的重要工具。

2) 定子等效电路　因为电动机三相绕组的结构是完全相同的，其三相电流是平衡的。

平衡三相电流在任何瞬间的合成电流都等于 0，如图 1-6a 所示。如果将三相绕组联结成星形的话，其中性线里是没有电流的。所以电动机是没有必要接中性线的，如图 1-6b 所示。

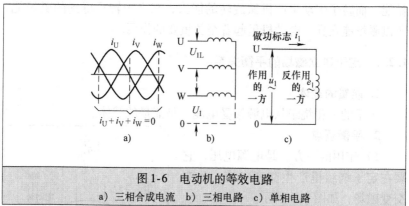

图 1-6　电动机的等效电路

a) 三相合成电流　b) 三相电路　c) 单相电路

由于电动机的三相电流是平衡的，所以为了简便起见，常用如图 1-6c 所示的一相等效电路来代替。这一相等效电路，是指相线和中性线之间的电路。

3) 反电动势　是定子绕组的自感电动势在异步电动机中的称谓。因为和电源电压的作用相反而得名，是磁场得到能量的主要标志。

根据物理学知识，感应电动势的瞬时值和磁通的变化率成正比：

$$e = -\frac{\mathrm{d}\Phi}{\mathrm{d}t} \qquad (1\text{-}5)$$

式中 e——感应电动势的瞬时值（V）；

$\dfrac{\mathrm{d}\Phi}{\mathrm{d}t}$——磁通的变化率。

经过推导，得到反电动势有效值的计算公式：

$$E = K_{\mathrm{E}} f \Phi_{\mathrm{m}} \tag{1-6}$$

式中 E——反电动势的有效值（V）；

   K_{E}——电动势比例常数；

   f——电流的频率（Hz）；

   Φ_{m}——磁通的振幅值（Wb）。

式（1-6）表明，反电动势的有效值与频率和磁通振幅值的乘积成正比。

式（1-6）还表明，电动机的主磁通与反电动势和频率之间，存在着如下的关系：

$$\Phi_1 = K_\Phi \frac{E}{f} \tag{1-7}$$

式中 Φ_1——主磁通的有效值（Wb）；

   K_Φ——比例常数。

式（1-7）表明，在频率相同的前提下，磁通的大小直接由反电动势来反映。

4. 电动势平衡方程

1）主磁通和漏磁通根据所起作用的不同，定子磁通分成两个部分：

① 主磁通 能够穿过空气隙与转子绕组相连，从而将能量传递给转子的部分，称为主磁通，如图 1-7a 中之 Φ_1 所示。对于异步电动机的定子绕组来说，反电动势仅指由主磁通引起的自感电动势。

② 漏磁通 不能穿过空气隙与转子绕组相连，从而不起能量传递作用的部分，称为漏磁通，如图 1-7a 中之 Φ_0 所示。漏磁通因为不传递能量，故在电路中以漏磁电抗的形式出现，如图 1-7b 中之 X_1 所示。

2）电动势平衡方程 图 1-7b 所示，就是定子绕组的等效电路。它表明：当外加电压做功时，一方面要克服反电动势以建立磁场；另一方面还必须克服绕组的电阻和漏磁电抗。所以在稳定状态（电流的有效值不变）下，电动势的平衡方程如下：

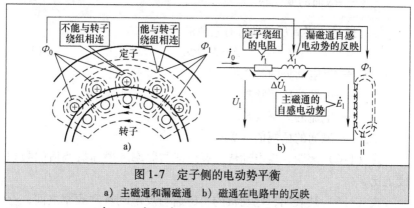

图 1-7 定子侧的电动势平衡

a) 主磁通和漏磁通 b) 磁通在电路中的反映

$$\dot{U}_1 = -\dot{E}_1 + \dot{I}_1(r_1 + jX_1) = -\dot{E}_1 + \Delta\dot{U}_1 \qquad (1\text{-}8)$$

式中 $\dot{U}_1$——相电压的复数值（V）；

$\dot{E}_1$——反电动势的复数值（V）；

$\dot{I}_1$——电流的复数值（A）；

r_1——定子一相绕组的电阻（Ω）；

X_1——定子一相绕组的漏磁电抗（Ω）；

j——复数算符；

$\Delta\dot{U}_1$——定子一相绕组的阻抗压降（V）。

将式（1-8）代入式（1-7），得

$$\Phi_1 = \frac{|\dot{U}_1 - \Delta\dot{U}_1|}{f} \qquad (1\text{-}9)$$

5. 重要结论

式（1-9）说明了电动机的磁通和下列因素有关：

1）磁通与电源电压密切相关 电源是电动机能量的根本来源。所以电源电压的波动或变化，将直接影响磁通的变化。

2）磁通和电源频率成反比 频率降低时，反电动势减小，磁通将增加。

3）磁通和阻抗压降有关 当负载转矩不变时，定子绕组的阻抗压降是基本不变的。电源电压较高时，阻抗压降因所占比例较小，常被忽略；但在电源电压较低时，其作用不可小视。

1.2.2　磁场传递能量的平衡关系

如前述，定子从电源吸取的能量建立了磁场，又通过磁的耦合，将能量传递到了转子。转子在得到能量的过程中，也必然存在着动态的平衡关系。

1. 能量的载体

电动机的磁路，由定子铁心、转子铁心和空气隙构成，如图 1-8a 所示。

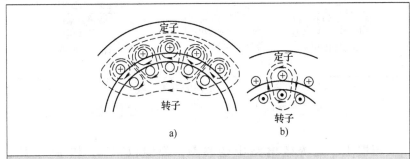

图 1-8　定子和转子电流的磁通

a）电动机的磁路　b）转子磁动势的去磁作用

2. 平衡要点

1）作用的一方　定子电流的磁动势。

2）反作用的一方　当转子绕组里产生感应电流时，根据楞次定律，它要阻碍定子磁通的变化，所以转子绕组的磁动势是反作用的一方，如图 1-8b 所示。

3）做功的标志　磁路内有磁通，使转子得到了磁场能。

3. 转子绕组的等效电路

在分析整台电动机的运行状况时，必须把定、转子电路综合到一起。但笼型异步电动机的转子绕组，由 n 根"笼条"构成，每一根"笼条"为"一相"，故转子电路是 n 相电路，如图 1-9a 所示。这样的电路，是难以和定子电路进行比较和联系的。为此，必须把实际的转子电路变换成能够和定子电路进行比较和联系的等效电路。

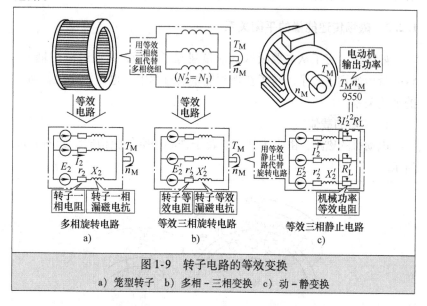

图1-9 转子电路的等效变换
a) 笼型转子 b) 多相 – 三相变换 c) 动 – 静变换

习惯上，凡等效电路中的参数，都缀以"'"，如 E'_2、I'_2、r'_2 等。

为了得到和定子电路相联系的等效电路，需要进行两个变换：

1）相数变换 转子的 n 相电路与定子的三相电路是无法统到一起的。因此，必须用一个等效的三相绕组去代替 n 相绕组，如图1-9b 所示。在这里，等效的条件是由等效三相绕组所得到的功率，必须和原来的 n 相绕组得到的总功率相等，如图1-9b所示。

2）动静变换 因为转子是旋转的，它输出的是电磁转矩 T_M 和转速 n_M，输出功率是机械功率 P_M：

$$P_M = \frac{T_M n_M}{9550} \qquad (1-10)$$

式中 P_M——电动机的输出功率（kW）；

T_M——电动机的电磁转矩（N·m）；

n_M——电动机轴上的转速（r/min）。

所谓"动 – 静变换"，就是将旋转的、输出机械能的转子等效地变换成静止的"转子电路"。具体方法：

因为机械功率 P_M 是有功功率，所以在静止的等效电路里必须也加入一个等效的有功元件 R_L，条件：

在 R_L 上所消耗的有功功率应该和电动机输出的机械功率相等，如图 1-9c 所示。

$$3I'^2_2 R'_L = \frac{T_M n_M}{9550} \tag{1-11}$$

式中　I'_2——等效电路中，转子的相电流（A）；

　　　R'_L——与机械负载等效的电阻（Ω）。

3）一相等效电路　和定子相仿，因为三相电路是对称的，所以在分析时可以只拿一相来进行观察。转子的一相等效电路如图 1-10 所示。

图 1-10 中，E'_2 为转子每相等效绕组的感应电动势，也是转子绕组得到的"电源"（V）；

r'_2 为转子每相等效绕组的电阻（Ω）；

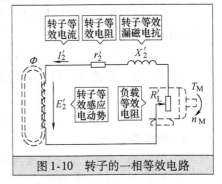

图 1-10　转子的一相等效电路

X'_2 为转子每相等效绕组的漏磁电抗（Ω）；

R'_L 为机械负载在转子每相等效绕组中的等效电阻（Ω）；

I'_2 为转子等效绕组中的相电流（A）。

4. 磁动势的平衡

因为磁通是由磁动势产生的，所以定、转子双方的磁场能量，可以用磁动势来表示：

$I_1 N_1$ 为定子电流的磁动势（N_1 是定子每相绕组的匝数）；

$I'_2 N_1$ 为转子等效电流的磁动势。

定子电流的磁动势是克服了转子电流的反磁动势而产生磁通并传递能量，如图 1-11a 所示。定、转子磁动势之间，也有一个平衡方程：

$$\dot{I}_1 N_1 + \dot{I}'_2 N_1 = \dot{I}_0 N_1 \tag{1-12}$$

式中　$\dot{I}_0 N_1$——励磁磁动势，用于产生磁通。

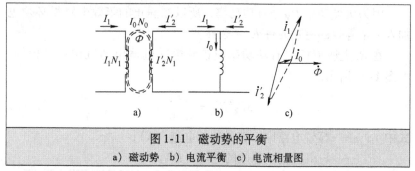

图 1-11　磁动势的平衡

a）磁动势　b）电流平衡　c）电流相量图

式（1-12）中的 N_1 可以约去，得到定、转子电流间的关系如图 1-11b 所示。

$$\dot{I}_1 + \dot{I}'_2 = \dot{I}_0 \tag{1-13}$$

式（1-12）和式（1-13）称为磁动势平衡方程。式（1-12）又可以改写为

$$\dot{I}_1 = -\dot{I}'_2 + \dot{I}_0 \tag{1-14}$$

5. 重要结论

式（1-14）表明，定子电流由两部分组成：

1）转矩分量 $\dot{I}'_2$ 是直接用于产生电磁转矩的分量。

2）励磁分量 $\dot{I}_0$ 用于产生磁场能，其大小还和磁路的饱和程度有关。

由式（1-14）可以画出电流的相量图，如图 1-11c 所示。

1. 2. 3　负载得到机械能的平衡关系

电动机的最终任务是带动生产机械旋转，或者是将机械能传递给生产机械。于是就有机械能的平衡关系。

1. 能量的载体

机械的旋转系统。

2. 平衡要点

1）作用的一方　电动机的电磁转矩。

2）反作用的一方　负载的阻转矩。

3）做功的标志　拖动系统以某一转速稳定运行。

3. 电动机的电磁转矩 由转子电流与主磁通相互作用而产生:

$$T_M = K_T I'_2 \Phi_1 \cos\varphi_2 \tag{1-15}$$

式中 T_M ——电动机的电磁转矩（N·m）;

K_T ——转矩常数;

$\cos\varphi_2$ ——电动机的功率
因数。

4. 拖动系统的运行状态
（见图 1-12）

$$T_M > T_L + T_0 \approx T_L$$
$$\rightarrow n_M(=n_L)\uparrow$$
$$T_M < T_L + T_0 \approx T_L$$
$$\rightarrow n_M(=n_L)\downarrow$$
$$T_M = T_L + T_0 \approx T_L \rightarrow n_M = C$$

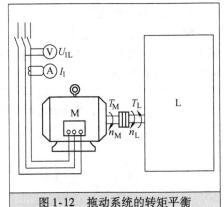

图 1-12 拖动系统的转矩平衡

式中 T_L ——负载的阻转矩
（N·m）;

T_0 ——损耗转矩（N·m）;

n_M ——电动机轴上的转速（r/min）;

n_L ——负载轴上的转速（r/min）;

C ——常数。

所以，在等速运行的情况下，电动机的电磁转矩和负载转矩之间，存在着如下的平衡关系:

$$T_M = T_L + T_0 \approx T_L \tag{1-16}$$

式（1-16）称为转矩平衡方程。本书主要着重定性分析，而很少进行准确的定量计算，如果不做特殊说明，损耗转矩通常是包含在负载转矩之内的。

综合式（1-15）式（1-16）可知:

$$I'_2 \approx \frac{T_L}{K_T \Phi_1 \cos\varphi_2} \tag{1-17}$$

式（1-17）表明定子电流的转矩分量是和负载转矩近乎成正比。

5. 重要结论

在磁通不变的前提下，定子电流的转矩分量取决于负载转矩的轻重。或者是电动机电流的大小主要取决于负载的轻重。

1.2.4 电动机的等效电路

1. 完整的等效电路

将图 1-7b 所示的定子等效电路、图 1-10 所示的转子等效电路和图 1-11b 所示的电流等效电路组合到一起，就得到完整的电动机等效电路，如图 1-13 所示。

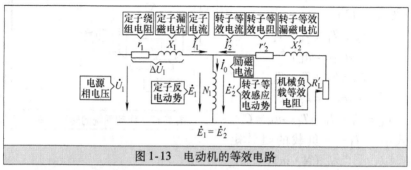

图 1-13　电动机的等效电路

2. 等效电路的简化

当我们主要观察事物的工作特点，而不必追求精确结果时，尽量地简化所研究的对象，可以收到简单明了的效果。

1）简化要点之一　忽略掉一些所占比例不大的次要因素，如定子绕组的电阻，定、转子的漏磁电抗以及铁损等。

2）简化要点之二　合并转子侧的等效电阻为

$$r_2' + R_L' = \frac{r_2'}{s} \tag{1-18}$$

式中　r_2'/s——转子侧的等效电阻，是转子绕组的等效电阻（r_2'）和机械负载的等效电阻（R_L'）合并的结果。

简化后得到的等效电路如图 1-14a 所示，根据简化等效电路画出的相量图如图 1-14b 所示。

3. 重要提示

需要注意观察的是定子电流和电源相电压之间的相位差角（功率因数角）是小于 π/2 的，其在运行过程中的能量交换过程如图 1-15c 所示。图中，曲线①是相电压，曲线②是相电流。

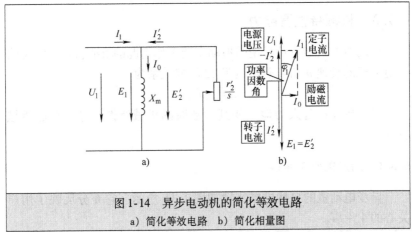

图 1-14　异步电动机的简化等效电路

a) 简化等效电路　b) 简化相量图

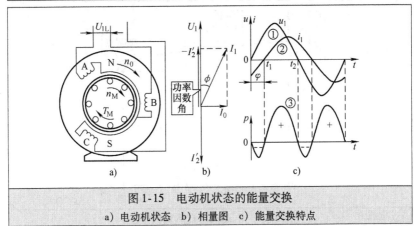

图 1-15　电动机状态的能量交换

a) 电动机状态　b) 相量图　c) 能量交换特点

$0 \sim t_1$ 段：电流 i 与电压 u 的方向相反，是电动机的反电动势克服电源电压在做功（磁场做功）。从电源的角度看，它的"输出功率"是负的。

$t_1 \sim t_2$ 段：电流 i 与电压 u 的方向相同，是电源电压克服电动机的反电动势在做功。从电源的角度看，它的"输出功率"是正的，其功率曲线如曲线③所示。

总体上看，正的功率大于负的功率。电动机是在吸取电源的能量，并将它转换成机械能。

1.3　机械特性看能力

电动机的机械特性是说明拖动系统工作情况的重要特性。它说明了电动机的转速 n 与电磁转矩 T_M 之间的关系为

$$n = f(T_M)$$

电动机在没有人为地改变其参数时的机械特性，称为自然机械特性。

1.3.1　用户关心4件事

异步电动机的自然机械特性如图 1-16 所示，它充分反映了用户关心的4件事。

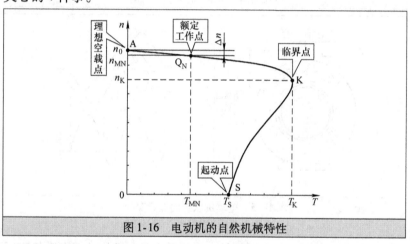

图 1-16　电动机的自然机械特性

1. 转速高低

用户在选择电动机时，首先考虑的是转速。也就是根据生产机械所需要的转速，选择电动机的磁极对数，见表 1-1。

反映在机械特性上是它的"理想空载点"。电动机输出轴上的转矩为 0，称为理想空载。这时，电动机的转速可以达到同步转速（旋转磁场的转速）n_0，如图 1-16 中的 A 点。所以理想空载点的坐标是 A $(0, n_0)$。理想空载点的可调节范围，也反映了电动机的调速范围。

2. 带负载能力

就是能不能带得动负载。反映在机械特性上是它的临界点。

异步电动机的机械特性有一个拐点 K。在这一点，电动机所能产生的电磁转矩最大，称为临界转矩，用 T_K 表示，K 点称为临界点。与此对应的转速称为临界转速 n_K，相应地有临界转差 Δn_K 和临界转差率 s_K。所以临界点的坐标是 $K(T_K, n_K)$

临界转矩也是电动机所能产生的最大转矩，它与额定转矩之比就是异步电动机的过载能力。通常过载能力应大于等于 2：

$$T_K \geqslant 2.0 T_{MN}$$

式中　T_K——临界转矩（N·m）。

电动机铭牌上并不标出其额定转矩，需根据式（1-10）推算而得

$$T_{MN} = \frac{9550 P_{MN}}{n_{MN}} \tag{1-19}$$

式中　T_{MN}——电动机的额定转矩（N·m）；

　　　P_{MN}——电动机铭牌上的额定功率（kW）；

　　　n_{MN}——电动机铭牌上的额定转速（r/min）。

3. 能否顺利起动

有的生产机械在静止状态下，有较大的摩擦力，起动时比较困难。因此，能否顺利起动，也是用户比较关心的问题。反映在机械特性上，是它的起动点。

起动点的含义是电动机刚接通电源，但转速仍为 0 时的转矩称为起动转矩 T_S，也叫堵转转矩，如图 1-16 中的 S 点。因此，起动点的坐标是 $S(T_S, 0)$。

通常异步电动机的起动转矩应大于额定转矩的 1.5 倍：

$$T_S \geqslant 1.5 T_{MN} \tag{1-20}$$

式中　T_S——起动转矩（N·m）；

　　　T_{MN}——电动机的额定转矩（N·m）。

4. 负载变化时的稳定性

生产机械在运行过程中，其阻转矩常常不是固定不变的。例如，金属切削机床在切削过程中，可能因遇到砂眼而增大阻力，某些传输

机上的被传输物时常变动等。而用户希望，当负载的阻转矩变化时，电动机的转速能够保持稳定。这种要求反映在机械特性的"硬度"上。

机械特性的硬和软主要是说明当负载变化时，电动机转速的变化程度。如图 1-17a 中的机械特性是曲线①，当负载转矩从 T_{L1} 增大到 T_{L2} 时，转速下降了 Δn_1；图 1-17b 中的机械特性是曲线②，当负载转矩从 T_{L1} 增大到 T_{L2} 时，转速下降了 Δn_2。显然

$$\Delta n_2 > \Delta n_1$$

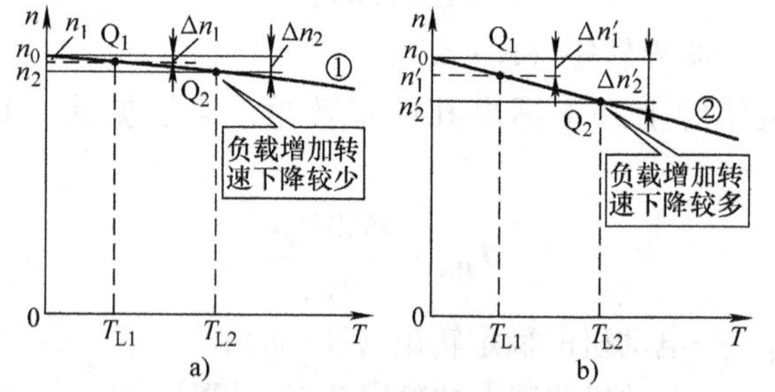

图 1-17　机械特性的硬与软

a）硬特性　b）软特性

两者相比较，曲线①是较"硬"的机械特性，而曲线②是较"软"的机械特性。

1.3.2　机械特性说明的问题

1. 从电动机的角度看

如图 1-18a 所示，当转速较高为 n_1 时，转差 Δn_1 较小，转子绕组切割旋转磁场所产生的感应电动势和电流也较小。所以电磁转矩 T_{M1} 较小。

当转速下降为 n_2 时，转差 Δn_2 增大，转子绕组的感应电动势和电流也增大。所产生的电磁转矩 T_{M2} 较大。

所以从电动机的角度看，转速下降，则电动机产生的电磁转矩增大，即

$$n \downarrow \rightarrow \Delta n \uparrow \rightarrow T_M \uparrow$$

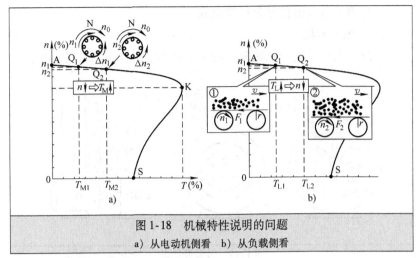

图 1-18　机械特性说明的问题

a）从电动机侧看　b）从负载侧看

2. 从负载的角度看

如图 1-18b 所示，当负载较轻，阻转矩为 T_{L1} 时，用于克服 T_{L1} 所需要的电磁转矩较小，拖动系统的工作点为 Q_1 点，转速较高时为 n_1。

当负载的阻转矩增大为 T_{L2} 时，用于克服 T_{L2} 所需要的电磁转矩也增大，拖动系统的工作点移至 Q_2 点，转速下降为 n_2。

所以从负载的角度看，则当负载的阻转矩增大时，转差 Δn 增大，拖动系统的转速将下降为

$$T_L \uparrow \rightarrow \Delta n \uparrow \rightarrow n \downarrow$$

1.4　异步电动机的发电状态

任何电机都是可逆的，既可以作为电动机，将电能转换成机械能；也可以作为发电机，将机械能转换成电能。异步电机也不例外，但却有着它的特殊性。

1.4.1　异步发电机的特殊性

发电机是将机械能转换成电能的装置。即用一台原动机（汽轮机、柴油机、水轮机等）使电机的转子旋转起来，就可以产生电能，即发电。

首先看其他发电机是怎样发电的？

1. 直流发电机

直流发电机的定子是磁极，转子是电枢绕组，如图1-19a所示。

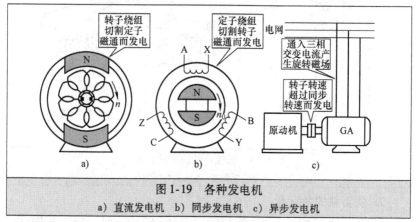

图1-19　各种发电机

a）直流发电机　b）同步发电机　c）异步发电机

当原动机带动转子旋转时，电枢绕组因切割定子磁场而产生感应电动势，经换向器和电刷引出，便得到直流电压。

2. 同步发电机

同步发电机的定子是三相绕组，转子是磁极，如图1-19b所示。

当原动机带动转子旋转时，定子的三相绕组切割转子磁场而产生感应电动势，从而输出三相交变电压。

3. 直流发电机和同步发电机的共同特点

1）它们都有一个固定的磁场。

2）它们在原动机的带动下，使绕组切割了磁力线而"从无到有"地"发"出电来。

4. 异步发电机的特殊性

异步电机的定子是三相绕组，转子是短路绕组，本身没有磁场。所以异步电机只有原动机带动是发不出电来的。虽然理论是利用剩磁也能发出电来，但并无实际意义。

异步电机要想发电，首先必须要建立磁场。但如所周知，异步电动机在定子的三相绕组里通入三相交变电流后，才产生旋转磁场的。就是说，异步电机为了得到磁场，其定子绕组必须和三相电源相接，如图 1-19c 所示。毫无疑问，在这种情况下，它将作为异步电动机而旋转起来了。但是，如果用一台原动机带动，使转子的转速超过同步转速，就成为异步发电机了。

所以异步电机并不能"从无到有"地独立发电，这就是它的特殊性。

1.4.2 发电机状态的特点

异步电机的电动机状态和发电机状态的根本区别，仅在于转子与磁场之间的相对转速。

1. 电动机状态

电动机状态的特点是转子绕组切割磁力线的方向和磁场的旋转方向相反，转子电流和旋转磁场相互作用所产生的电磁转矩 T_M 的方向与磁场的旋转方向相同，是促使转子旋转的驱动转矩，如图 1-20a 所示。

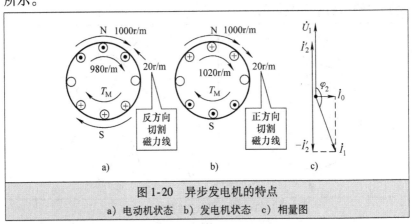

图 1-20　异步发电机的特点

a）电动机状态　b）发电机状态　c）相量图

2. 发电机状态

在发电机状态，因为转子的转速超过了同步转速，转子绕组切割磁力线的方向和磁场的旋转方向相同。所以转子绕组里感应电流的方向和电动机状态时相反了，所产生的电磁转矩的方向也和磁场的旋转方向相反，成为了阻止转子旋转的制动转矩。原动机将克服制动转矩而做功（发电），如图 1-20b 所示。

3. 相量图

发电机状态的相量图如图 1-20c 所示，它和电动机状态的区别是转子电流的方向反了，但励磁电流不变。根据式（1-13）画出定子电流相量，图中定子电流与电源电压之间的相位差角 φ_2 大于 $\pi/2$（90°）。因此发电机状态和电动机状态的重要区别在于：

在电动机状态时，电流比电压滞后的电角度小于 $\pi/2$（90°），即

$$\varphi_1 < \pi/2(90°)$$

而在发电机状态时，电流比电压滞后的电角度大于 $\pi/2$（90°），即

$$\varphi_2 > \pi/2(90°)$$

4. 异步电机的"发电"本质

当 $\varphi_2 > \pi/2$ 时，电机在运行过程中的能量交换过程如图 1-21 所示。图中 $0 \sim t_1$ 段是电动机的反电动势克服电源电压在做功（磁场做功），"输出功率"是负的。

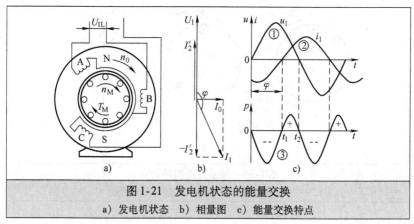

图 1-21　发电机状态的能量交换

a) 发电机状态　b) 相量图　c) 能量交换特点

$t_1 \sim t_2$ 段是电源电压克服电动机的反电动势在做功，"输出功率"是正的。

容易看出，因为 $\varphi_2 > \pi/2$，所以在每半个周期的大部分时间里，电流的方向都是和电源电压相反的。其功率曲线如曲线③所示。因此，在电机的磁场和电源之间交换能量的过程中，总体上说，是磁场向电源输送能量而"发电"了，从电源的角度看，平均功率是

"－"的。

所以异步发电机并不能如直流发电机和同步发电机那样，从没有电能"产生"出电能来。异步电机的发电，仅仅是在电机和电源交换能量的过程中，从电机反馈给电源的能量比电源输入给电机的能量较大而已。也就是说，不论是电动机状态，还是发电机状态，始终存在着电动机的磁场和电源之间交换能量的过程，区别仅在于：当吸收的能量大于反馈能量时，是电动机状态，而当反馈的能量大于吸收的能量时，是发电机状态。

1.5　拖动系统的传动机构

电动机在带动负载运行时，在电动机的输出轴和负载的输入轴之间，必须通过传动机构来传递能量，如图 1-22 所示。

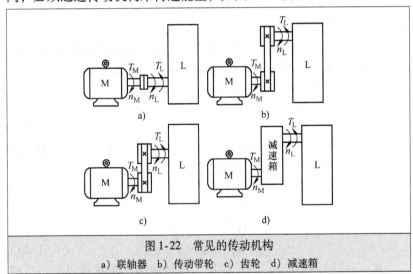

图 1-22　常见的传动机构

a）联轴器　b）传动带轮　c）齿轮　d）减速箱

1.5.1　常见的传动机构

1. 联轴器传动

联轴器将电动机和负载的轴直接相连，两者之间并无减速环节，如图 1-22a 所示。常用于风机和水泵等负载。

2. 带轮传动

带轮传动有一定的减速比。由于传递带具有一定的柔性，连接的精度要求较低，故常用于各种机械的第一级传动，如图 1-22b 所示。

3. 齿轮传动

齿轮传动具有较大的减速比，主要用于对精度要求较高的传动系统中，如图 1-22c 所示。

4. 减速箱

通常由多级齿轮构成，也有用蜗轮、蜗杆构成的。减速箱的减速比较大，如图 1-22d 所示，用于要求低速运行的负载。

5. 传动比

传动机构的输入轴和输出轴之间的转速之比，称为传动比：

$$\lambda = \frac{n_M}{n_L} \tag{1-21}$$

式中　λ——传动比；

　　　n_M——电动机的转速，通常是传动机构输入轴的转速（r/min）；

　　　n_L——负载的转速，通常是传动机构输出轴的转速（r/min）。

由式（1-22）知：

$$n_L = \frac{n_M}{\lambda} \tag{1-22}$$

在忽略传动机构中功率损失的情况下，根据能量守恒的原则，有

$$\frac{T_M n_M}{9550} = \frac{T_L n_L}{9550}$$

$$\frac{T_M}{T_L} = \frac{n_L}{n_M} = \frac{1}{\lambda}$$

$$T_L = T_M \cdot \lambda \tag{1-23}$$

式（1-23）和式（1-24）说明，经过传动机构减速以后，负载侧的转速减为电动机侧的 $1/\lambda$，而负载侧所得到的转矩则比电动机侧增大了 λ 倍。

1.5.2　传动机构的折算

1. 折算的必要性

在分析电动机能否带得动负载时，需要对电动机的转矩和负载转

矩在同一个坐标系内进行比较，但当传动机构的传动比不等于 1 时，比较时出现了麻烦。举例说明如下：

假设：75kW 电动机轴上的转矩为 $T_M = 484N \cdot m$，转速为 $n_M = 1480r/min$，如图 1-23a 所示。则在坐标系内的工作点如图 1-23b 中之 Q_1 点（484，1480）；

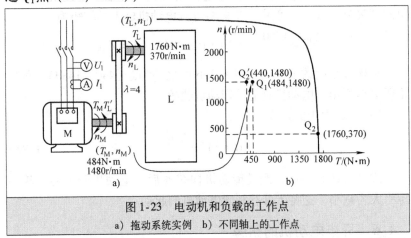

图 1-23　电动机和负载的工作点

a）拖动系统实例　b）不同轴上的工作点

设传动比 $\lambda = 4$。则负载轴上的转矩为 $T_L = 1760N \cdot m$，转速为 $n_L = 370r/min$。在坐标系内的工作点如图 1-23b 中之 Q_2 点（1760，370）。

显然，在图 1-23b 中，你无法判断这台电动机能否带动负载？为了解决这个问题，必须将拖动系统中各轴上的参数（转矩和转速等）都折算到同一个轴上。在大多数情况下，都折算到电动机轴上。

2. 折算的基本原则

最根本的原则是能量守恒原理，即折算前后，传动机构传递的能量不变。则

稳态过程：折算前后，传动机构所传递的功率不变。

动态过程：折算前后，旋转部分的动能不变。

3. 折算公式

将负载轴上的参数折算到电动机轴上的公式如下：

1）转速的折算

$$n'_L = n_L\lambda = n_M \tag{1-24}$$

事实上，负载转速折算到电动机轴上就是电动机的转速。

2）转矩的折算

$$T'_L = \frac{T_L}{\lambda} \tag{1-25}$$

式（1-25）的物理意义：经过传动机构减速后，电动机轴上的负载"变轻"了。上例中，负载折算到电动机轴上的转矩为

$$T'_L = \frac{1760}{4} = 440N \cdot m < 484N \cdot m = T_{MN}$$

在坐标系内的工作点如图 1-23b 中之 Q'_2 点（440，1480）。可以很明显地看出，电动机是能够带动负载的。

3）飞轮力矩的折算

$$(GD_L^2)' = \frac{GD_L^2}{\lambda^2} \tag{1-26}$$

式（1-26）表明，经过传动机构减速后，电动机轴上的飞轮力矩将大为减小，这将十分有利于电动机的起动。

1.6　异步电动机的铭牌

电动机的铭牌是生产厂家提供给用户，供用户选用的重要依据，图 1-24 是国产电动机的一个实例。

型号：Y—280S—4　　电压：380V
容量：75kW　　　　 电流：139.7A
频率：50Hz　　　　 转速：1480r/min
效率：0.93　　　　 功率因数：0.88
接法：△　　　　　 定额：连续
绝缘等级：E　　　　温升：75℃
出厂日期：2008年12月8日

图 1-24　电动机的铭牌

1.6.1　铭牌上的运行数据

1. 额定电压

额定电压的作用是告诉用户：应该接到多大电压的电源上去。所以指的是线电压。

2. 额定电流

铭牌上的额定电流是告诉用户，从电源到电动机的连接线应该用多粗的导线？所以也是指线电流。

3. 额定频率和转速

国产电动机的额定频率都是 50Hz，根据额定频率和磁极对数，

可以算出同步转速，并根据同步转速和额定转速算出其额定转差率。

4. 额定功率和转矩

电动机的额定功率是指输出轴上的机械功率。

根据额定功率和额定转速，可以算出额定转矩为

$$T_{MN} = \frac{9550\,P_{MN}}{n_{MN}} \qquad (1-27)$$

由式（1-27）知，额定功率相同，而磁极对数不同的电动机的额定转矩是不一样的，举例见表1-2。

表1-2　同容量电动机的额定转矩（以75kW为例）

磁极数 $2p$	同步转速 $n_1/(\text{r/min})$	额定转速 n_{MN} /(r/min)	额定转矩 T_{MN} /(N·m)
2	3000	2970	241
4	1500	1480	484
6	1000	980	731
8	750	740	963

5. 功率因数

所谓功率因数是指相电流和相电压之间相位差角的余弦，即 $\cos\varphi_1$，如图1-25c中之曲线①和曲线②所示。

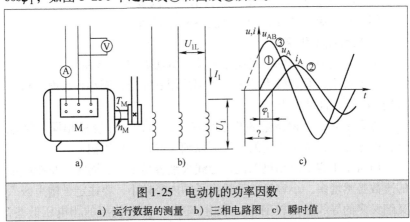

图1-25　电动机的功率因数
a) 运行数据的测量　b) 三相电路图　c) 瞬时值

根据电工基础的知识，线电压在数值上等于相电压的 $\sqrt{3}$ 倍，同时在相位上要比相电压超前 $\pi/6$（30°），如图1-25c中之曲线③所示，

而线电流和相电流是同一个电流。所以所谓线电压和线电流之间的功率因数是不存在的，或者是毫无意义的。

6. 效率

电动机各部分功率之间的关系为

$$P_1 - p_{cu} - p_{Fe} - p_{ME} = P_2 \qquad (1-28)$$

式中　p_{cu}——电动机绕组的铜损（kW）；

　　　p_{Fe}——电动机铁心的铁损（kW）；

　　　p_{ME}——电动机的机械损失（kW）。

电动机的效率为

$$\eta = \frac{P_2}{P_1} \qquad (1-29)$$

式中　η——电动机的效率。

1.6.2　异步电动机的型号与接法

1. 国产异步电动机的型号

第一项是产品代号，"Y"代表通用的笼型异步电动机。其他如YR代表绕线转子异步电动机，YQ代表高起动转矩异步电动机等。

第二项是机座代号，"280"表示中心高为280mm；"S"表示短机座（其他如L表示长机座，M表示中等机座）。

第三项是磁极个数，"4"就是4极电动机。

2. 接线端子和接法

关于电动机绕组的接线端子和接线方法如图1-26所示。

一般说来，容量较大的电动机都采用△联结，而小容量电动机多采用Y联结。这是因为

△联结时，每相绕组的相电压等于线电压。在容量相同的情况下，电流较小，绕组所用的导线可以细一些，节省用铜。

但对于小容量电动机来说，导线太细容易变形。同时，每相绕组的匝数必然增多，小容量电动机定子的内径较小，要往定子槽里嵌入又细又多的导线就比较困难。采用Y联结，每相绕组的相电压低些，只有线电压的$1/\sqrt{3}$，导线较粗，每相绕组的匝数较少，嵌线的工艺要容易得多。

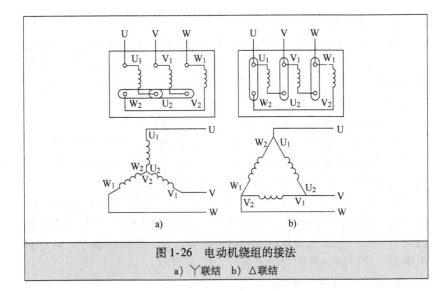

图 1-26 电动机绕组的接法

a) 丫联结 b) △联结

1.6.3 异步电动机的定额

生产机械在配置电动机时，除了考虑能不能带得动外，很重要的一个问题，是会不会过热。这是因为温度升高的主要结果是使绝缘材料炭化，失去绝缘性能，电动机就"烧"坏了。

1. 绝缘材料的耐热等级

不同的电动机采用的绝缘材料也不尽相同，允许的最高温度也就不一样。异步电动机里用得较多的绝缘材料见表 1-3。

表 1-3 异步电动机常用的绝缘材料

耐热等级	允许工作温度	电动机允许温升	绝缘材料举例
E	120℃	75℃	环氧树脂、聚酯薄膜、青壳纸、三醋酸纤维薄膜、高强度绝缘漆等
B	130℃	80℃	提高了耐热性能的有机漆作黏合剂的云母、石棉和玻璃纤维等
F	155℃	100℃	耐热优良的环氧树脂浸渍或黏合的云母、石棉和玻璃纤维等
H	180℃	125℃	硅有机树脂浸渍或黏合的云母、石棉和玻璃纤维等

2. 电动机的温升

电动机的温升指的是实际温度和环境温度之差，我国的最高环境温度规定为40℃。从表1-3中可以看出，电动机的允许温升和绝缘材料的允许工作温度之间，是留有余地的。在实际工作中，电动机外壳的温度以不烫手为原则。

电动机温度变化的基本规律，主要有两条：

1）温度不可能突变　电动机在运行过程中，由于存在着铜损、铁损和机械损耗等损耗功率，这些损耗功率都将转换成热能，使电动机的温度升高。但由于有热惯性的原因，温度只能逐渐上升。

2）温度的上升是非线性的　由于电动机在温度上升的同时，也要向周围散热，温升越大，散热越快。当电动机的温升上升到某一数值时，它所产生的热量和散发的热量相等，处于平衡状态时，温升不再增加。这时的温升称为稳定温升，用τ_S表示。

3. 电动机的温升曲线

和任何过渡过程一样，电动机的温升曲线也符合指数规律：

$$\tau = \tau_S(1 - e^{-\frac{t}{T}}) \tag{1-30}$$

式中　τ——温升（℃）；

　　τ_S——稳定温升（℃）；

　　T——时间常数。

由式（1-30）所得到的温升曲线如图1-27a中的曲线①所示。曲

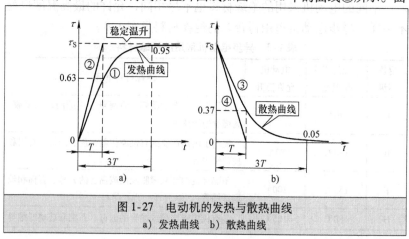

图1-27　电动机的发热与散热曲线

a）发热曲线　b）散热曲线

线②是曲线①的切线，电动机的温升如果按曲线②从0直线上升至稳定温升所需要的时间，称为时间常数，用 T 表示。时间常数的物理意义可以有两种解释方法：

1）如果电动机在发热过程中不向周围散热，达到稳定温升所需要的时间。

2）电动机的温升上升到稳定温升的63.2%所需要的时间。

发热时间常数取决于电动机的负载轻重，负载重时，损耗增大，温度上升得快，发热时间常数较小。

当电动机停止运行时，将向周围散热，其散热曲线如图1-27b中之曲线③所示。散热时间常数和周围环境有关。

1.6.4　电动机的运行定额

根据负载的工况不同，有连续不变负载、连续变动负载、断续负载和短时负载。分别说明如下：

1. 连续不变负载

负载在运行过程中，阻转矩基本不变的负载，称为连续不变负载。其运行特点是在运行期间，负载的轻重基本不变，温升能够达到稳定温升，如图1-28a所示。工频运行的风机、水泵等属于这类负载。

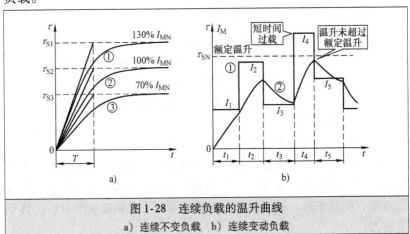

图1-28　连续负载的温升曲线

a）连续不变负载　b）连续变动负载

2. 连续变动负载

负载的阻转矩不同，电动机所能达到的稳定温升也不同，如图1-29a 所示。许多负载在运行过程中，阻转矩并不稳定，而是时大、时小地变化的，例如龙门刨床的刨台，在切削过程和返回过程中，负载的轻重显然是不一样的。这类负载的温升曲线也随负载的轻重而变化，如图1-29b 所示。对于这类负载，只要电动机的温升不超过额定温升，短时间的过载是允许的，如图1-29b 中的 t_1 时间段所示。

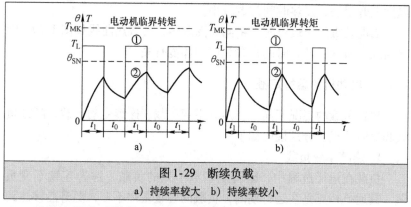

图1-29　断续负载

a) 持续率较大　b) 持续率较小

对于连续变动负载，须计算其等效电流：

$$I_E = \sqrt{\frac{I_1^2 t_1 + I_2^2 t_2 + \cdots}{t_1 + t_2 + \cdots}} \qquad (1\text{-}31)$$

式中　I_E——变动负载的等效电流（A）；

I_1、I_2、…——负载在不同时间段的运行电流（A）；

t_1、t_2、…——不同时间段的时间（s）。

允许连续运行的电动机在定额栏内标写为"连续"。

3. 断续负载

时而运行，时而停止的负载称为断续负载，如图1-29所示。

断续负载的运行特点是在每次运行期间，电动机的温升都达不到稳定温升；而每次停止期间，温升也降不到0，如图1-29中之曲线②所示。例如车床，每切削完一次后，须停下来调整切削量后，再车下一刀。

对于断续负载，电动机需要标明其允许的负载持续率：

$$FC = \frac{\sum t_1}{\sum t_1 + \sum t_0} \tag{1-32}$$

式中 FC——负载持续率；

Σt_1——负载运行时间之和（s）；

Σt_0——负载停止时间之和（s）。

图 1-29a 所示是持续率较大的情形；图 1-29b 所示是持续率较小的情形。

电动机对于断续负载的持续率规定的定额为 15%、25%、40%、60% 等。

4. 短时负载

负载的运行时间很短，如图 1-30 中的曲线①所示。在运行时间内，电动机的温升达不到稳定温升，如图 1-30 中的曲线②所示。而停止时间较长，超过其冷却时间常数的（3~4）倍。在停止时间内，电动机的温升能够降到 0，如图 1-30 中的曲线③所示。针对短时负载，电动机的定额为 15、30、60、90min 等。

短时负载的电动机一般都达不到稳定温升，只要带得动即可。所以主要校核其过载能力。

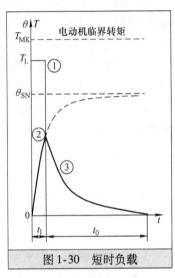

图 1-30 短时负载

小   结

1. 三相交流异步电动机从定子输入电功率，而从转子输出机械功率。将能量从定子传递给转子的是磁场的电磁功率。由于转子不接电源，其能量完全由与之耦合的磁场传递而得。因此，磁通的变化至关重要。

2. 等效电路是定量分析异步电动机工况的重要工具。

定子的等效电路就是一相绕组的电路；

转子的等效电路是用一个结构与定子相同的三相绕组等效地代替

笼型绕组，并使之静止化的结果。

3. 异步电动机在将电能转换成机械能的过程中，有三个重要的平衡关系：

1）电动势平衡方程是电动机从电网取用电功率时的平衡方程。

2）磁动势平衡方程是电动机的定子侧将能量传递给转子时的平衡方程。

3）转矩平衡方程是电动机带动负载时的平衡方程。

4. 机械特性是拖动系统带载能力的重要表述，异步电动机的自然机械特性主要反映了4件事：理想空载转速、临界转矩、起动转矩和机械特性的硬度。特性"硬"，说明负载变化时，转速变化不大；特性"软"，说明负载变化时，转速变化较大。

5. 异步发电机并没有固定的磁场，它的"发电"，仅仅是当转子的转速超过了同步转速时的一种特殊状态。

6. 异步电机不能从无到有地发电，它的电动状态和发电状态的区别，仅在于电动机的磁场和电源之间交换能量时的比例不同而已。

7. 齿轮减速箱在降低输出轴转速的同时，将输出轴上的转矩放大了。

8. 由于拖动系统在不同轴上的数据各不相同，不同轴的工作点在同一坐标系里的位置是分散的，难以进行比较。所以将不同轴上的数据都折算到同一轴上。在大多数情况下，都折算到电动机轴上。

9. 电动机铭牌上的额定电压和额定电流是指线电压和线电流。

10. 电动机的稳定温升取决于电动机产生热量和散发热量间的平衡。

11. 电动机因发热状况的不同，而有连续负载、断续负载和短时负载之分。

复习思考题

1. 为什么异步电动机发明较晚，却能后来居上？

2. 旋转磁场是怎么形成的？

3. 为什么说异步电动机从诞生之日起，就知道变频可以调速？

4. 定子绕组接通电源后，有哪些制约电流的因素？

5. 转子是怎样得到由磁通传递的能量的?

6. 定子电流由哪两部分组成?

7. 异步电动机的电磁转矩和哪些因素有关?

8. 异步电动机的机械特性有什么特点?

9. 为什么说异步发电机并不能从无到有地发电?

10. 试归纳异步电机的电动状态与发电状态的异同。

11. 电动机和负载之间加入传动机构后,将发生哪些变化?

12. 电动机和负载之间加入传动机构后,为什么必须进行折算?

13. 怎样根据电动机铭牌上的功率和转速计算额定转矩?

14. 电动机怎样描述断续负载和短时负载?

第 2 章

交－直－交变频器

　　迄今为止，在中、小容量的变频器中，应用最为广泛的是"交－直－交"变频器。先将电源的交流电整流成直流电，再将直流电"逆变"成交流电。那么，为什么必须插入直流这一环节？

2.1.1　自生交流好变频

1. 基本思想

　　由电网提供的交流电源，其频率是固定的，我国低压电网的电源频率是50Hz，无可更改。

　　要想得到频率可变的交流电源，必须人为地"自行"产生。所以先将电网的交流电整流成直流电，再将直流电人为地"逆变"成交流电，如图2-1所示。这逆变产生的交流电，就可以由人们随意地进行控制了。

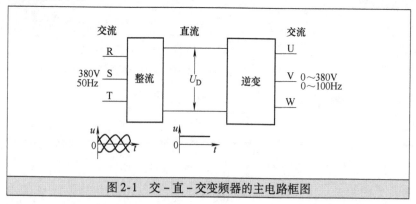

图 2-1　交－直－交变频器的主电路框图

所以变频器的核心部分是"逆变电路"，其构成和原理如下述。

2. 单相逆变桥

图 2-2a 中，开关器件 V_1、V_2、V_3、V_4 组成单相逆变桥，接至直流电源 P（＋）与 N（－）之间，电压为 U_D；Z_L 是负载。

逆变电路的工作情况如下：

1）前半周期　令 V_1、V_2 导通；V_3、V_4 截止。则电流的路径是 P（＋）$\rightarrow V_1 \rightarrow Z_L \rightarrow V_2 \rightarrow$ N（－），负载 Z_L 中的电流从 a 流向 b，Z_L 上得到的电压是 a｛＋｝、b｛－｝，设这时的电压为"＋"，振幅值等于直流电压 U_D。

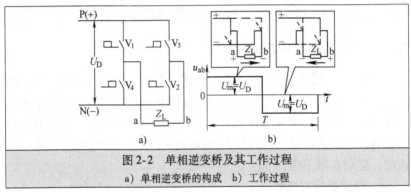

图 2-2　单相逆变桥及其工作过程

a）单相逆变桥的构成　b）工作过程

2）后半周期　令 V_1、V_2 截止；V_3、V_4 导通。则电流的路径是 P（＋）$\rightarrow V_3 \rightarrow Z_L \rightarrow V_4 \rightarrow$ N（－），负载 Z_L 中的电流从 b 流向 a，Z_L 上得到的电压是 a｛－｝、b｛＋｝，这时的电压为"－"，振幅值也是 U_D。

上述两种状态如能不断地反复交替进行，则负载 Z_L 上所得到的便是交变电压了，如图 2-2b 所示。这就是由直流电变为交流电的"逆变"过程。改变交替导通的快慢，就改变了输出电压的频率。

所以"逆变"是开关器件交替导通的结果。

三相逆变桥的电路结构如图 2-3a 所示。其工作过程与单相逆变桥相同，只要使 3 个桥臂的交替过程之间，互差三分之一周期（$T/3$），从而使三相输出电压的相位之间互差（$2\pi/3$）电角度就可以了，如图 2-3b 所示。

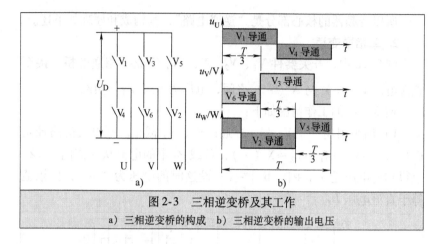

图 2-3　三相逆变桥及其工作

a）三相逆变桥的构成　b）三相逆变桥的输出电压

2.1.2 "怀胎"百年说因由

如第 1 章所述，由式（1-1）和式（1-4）可知，在 19 世纪 80 年代，异步电动机诞生之日，就知道变频是可以调速的。并且出于电力拖动的需要，人们也一直企盼着变频器的早日诞生；而变频器达到能够普及应用的阶段，却是在 20 世纪的 80 年代，中间相隔了近一个世纪。症结在哪里呢？

1. 逆变器件有条件

上述逆变过程看似简单：无非是若干个开关器件反复地交替导通而已。但变频器迟迟不能问世的关键恰恰在这些开关器件上，因为这些开关器件必须满足以下要求：

1）能承受足够大的电压和电流　先看电压，我国三相低压电网的线电压均为 380V，经三相全波整流后的平均电压为 513V，而峰值电压则为 537V。考虑到在过渡过程中，由于电感及负载反馈能量的效应，开关器件的耐压应在 1000V 以上。

再看电流，以中型的 150kW 的电动机为例，其额定电流为 250A，而电流的峰值为 353A。考虑到电动机的起动电流略大，在实际工作中，应该具有一定的过载能力，该变频器开关器件允许承受的电流应大于 700A。

上述条件如图 2-4 所示，对于有触点开关器件来说，以上条件是完全能够满足的。

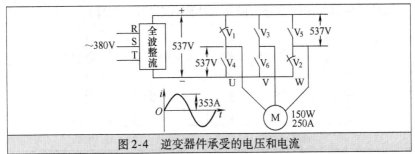

图 2-4 逆变器件承受的电压和电流

2）允许频繁地接通和关断 如上述，逆变过程就是若干个开关器件长时间地反复交替导通和关断的过程，这是有触点开关器件所无法承受的。必须依赖于无触点开关器件，而无触点开关器件要能承受足够大的电压和电流，却并非易事。可以说，正是这个要求，使变频器的出现比异步电动机的发明推迟了长达近百年之久。

3）接通和关断的控制必须十分方便 最基本的控制，如频率的上升和下降，改变频率的同时还要改变电压等。

上面所说的无触点开关器件，实际上就是半导体开关器件。半导体器件在初期阶段只能用于低压电路中，当半导体器件终于能够承受高电压和大电流时，就形成了一门新的学科，称为电力电子学。由此变频器和变频调速技术也就应运而生了。

2. 逆变器件的发展

1）起步始于 SCR20 世纪 60 年代，大功率晶闸管（SCR）首先亮相，变频调速也因此而得到了实施，出现了希望。

晶闸管 VT 在直流电路中的工作情形如图 2-5 所示，当门极 G 与阴极 K 之间加入正电压信号 U_G 时，VT 导通，如图 2-5a 所示。

当门极与阴极之间撤销 U_G 时，VT 将继续保持导通状态，如图 2-5b 所示。故晶闸管在直流电路中，一旦导通之后，是不能自行关断的。所以门极与阴极之间的触发信号可以是短暂的脉冲信号 u_G，u_G 称为触发脉冲电压。

由于晶闸管在直流电路中不具有自行关断的能力，要想关断已经导通的晶闸管，必须令晶闸管的阳极和阴极之间的电压为 0，或加入反向电压。所以晶闸管虽然使变频调速成为了可能，实现了近百年来人们对于变频调速的企盼，但并未达到普及推广的阶段。

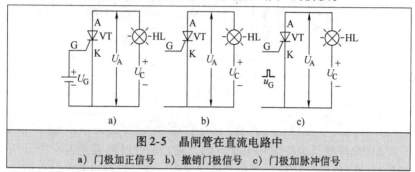

图2-5 晶闸管在直流电路中
a）门极加正信号 b）撤销门极信号 c）门极加脉冲信号

2）普及归功 GTR（BJT） 20 世纪 70 年代，电力晶体管 GTR 问世，将变频调速推向了实用阶段，并于 20 世纪 80 年代初开始逐渐推广。

电力晶体管实际上是由两个或多个晶体管复合而成的复合晶体管（达林顿管），如图 2-6a 所示，也称为大功率晶体管（GTR）或双极晶体管（BJT）。

由于在变频器内，开关器件主要用于逆变桥，故将两个 GTR 集成到一起，做成双管模块如图 2-6b 所示，也有将 6 个 GTR 集成到一起，做成六管模块的。

又因为在变频器中，各逆变管旁边总要反并联一个二极管，所以模块中的 GTR 旁边，都已经将反并联的二极管也集成进去了。

就基本工作状态而言，电力晶体管和普通晶体管是一样的，也有 3 种状态：放大状态、截止状态和饱和导通状态。

GTR 存在着二次击穿的问题，故障率较高，迫使人们进一步开发更好的开关器件。

3）提高全靠 IGBT 20 世纪 80 年代末，绝缘栅双极型晶体管（IGBT）的开发成功，使变频器在许多方面得到了较大的提高。

绝缘栅双极型晶体管（IGBT）是场效应晶体管（MOSFET）和电力晶体管（GTR）相结合的产物。其主体部分与 GTR 相同，也有集电极（C）和发射极（E），而门极的结构却与场效应晶体管相同，是绝缘栅结构，也称为栅极（G），如图 2-7a 所示。其工作特点如下：

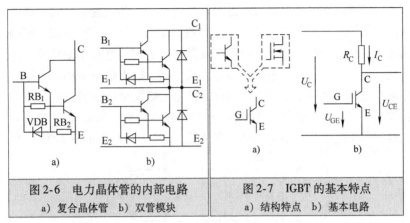

图 2-6 电力晶体管的内部电路 | 图 2-7 IGBT 的基本特点

a）复合晶体管 b）双管模块 | a）结构特点 b）基本电路

① 控制部分 控制信号为电压信号 U_{GE}，栅极与发射极之间的输入阻抗很大，故信号电流与驱动功率（控制功耗）都很小。

② 主体部分 因为与 GTR 相同，额定电压与电流容易做得较大，故在中小容量的变频器中，IGBT 已经完全取代了 GTR。

变频器所用的 IGBT，通常已经制作成各种模块，如图 2-8 所示。图 2-8a 是双管模块，图 2-8b 是六管模块。

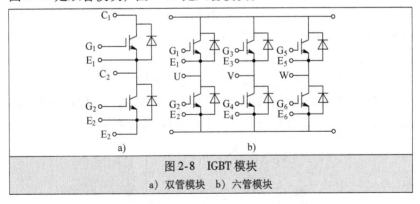

图 2-8 IGBT 模块

a）双管模块 b）六管模块

2.1.3 单进三出变频器

1. 家用电动机由单相改三相

众所周知，一般家庭里都没有三相电源，只有单相电源。所以家用电器里的电动机都是单相电动机。

纯粹的单相电动机是没有起动转矩的。为了使它能够旋转，必须增加起动绕组，还需要串联一个电容器。即使这样，其转矩和效率都远逊于三相电动机。并且，由于需要外接电容器，增加了故障率。由于交－直－交变频器的中间环节是直流电路，输出电路的相数和输入侧电源的相数之间毫不相干。因此，其输出侧完全可以通过三相逆变桥逆变成三相交流电源。这种输入单相交流、输出三相交流的变频器，通常被形象地称为"单进三出"变频器，其主电路框图如图2-9所示。

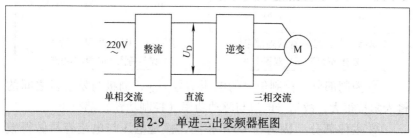

图2-9　单进三出变频器框图

2. 单进三出的主电路特点

单相全波整流后的直流电压平均值只有交流电压有效值的0.9倍，即

$$U_D = 0.9U_L \tag{2-1}$$

式中　U_D——单进三出变频器的直流电压（V）；

　　　U_L——单相交流电压的有效值（V）。

由式（2-1），当 $U_L = 220V$ 时，$U_D = 198V$。

因此，逆变后所得到的三相交流线电压的有效值只有146V，如图2-10所示。它不可能用来驱动三相220V的电动机。

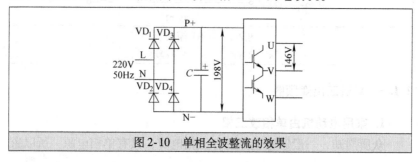

图2-10　单相全波整流的效果

为了能驱动三相 220V 的电动机，在单相全波整流以后，还必须增加一个升压电路，如图 2-11 所示。

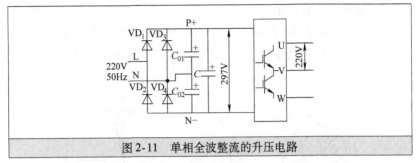

图 2-11 单相全波整流的升压电路

图 2-11 中，升压电路由电容器 C_{01} 和 C_{02} 构成。

当 N 点的电位处于正弦波的上半周时，直流回路 P + 端的正电位将因 C_{01} 的作用而得到补充；而当 N 点的电位处于正弦波下半周时，直流回路 N 端的负电位也因 C_{02} 的作用而得到补充，从而增大了 P + 和 N – 之间的直流电压值。

适当选择 C_{01} 和 C_{02} 的电容量，可使直流回路的平均电压升至 297V，使逆变后的三相线电压升为 220V。

2.2 磁通传递是核心

在异步电动机里，转子的能量完全依赖于磁通的传递。或者说，电动机的带负载能力，也完全依赖于磁通的传递。在工频运行时，因为电压和频率都是固定不变的，磁通大小比较稳定，人们不大关心磁通的状态。但在变频运行时，因为电压和频率都任意可调，磁通大小就不那么稳定了。所以，在分析变频调速过程中电动机的带负载能力时，必须紧紧地抓住磁通这个核心，充分了解其变化规律。

2.2.1 稳住磁通不能忘

1. 磁通小了没力气

异步电动机转子的能量完全由磁场传递而得，磁通小了，转子所得能量减少，带载能力必然下降。具体地说，则转子的电磁转矩由转子电流和磁通的相互作用而产生，电流大小要受发热的制约，是不能超过额定值的。由式（1-15），如果磁通不足，电动机的电磁转矩必将减小，就可能导致带不动负载。

2. 磁通大了要饱和

磁化曲线在电动机的磁路里，磁通 Φ_1 的大小和励磁电流 i_0 的关系，称为磁化曲线，如图2-12b和图2-12c中的曲线①所示。其特点：

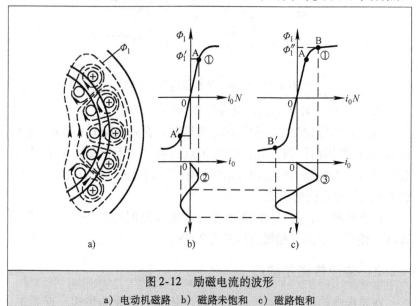

图2-12 励磁电流的波形

a) 电动机磁路　b) 磁路未饱和　c) 磁路饱和

在开始阶段，Φ'_1 与 i_0 基本上呈线性关系，如曲线①上 0A 段，励磁电流的波形如曲线②所示。

当 Φ_1 增大到一定程度时，磁路开始饱和。这时，励磁电流 i_0 再增大，磁通 Φ''_1 将增加得很少，如图2-12c中的 B 点所示，励磁电流的波形将发生畸变，其振幅值将超过正常值，如曲线③所示。

如果磁路深度饱和，励磁电流的波形将严重畸变，是一个峰值很高的尖峰波，甚至使变频器因过电流而跳闸。

所以，在进行变频调速时，有一个十分重要的要求，就是尽量使磁通 Φ_1 保持不变：

$$\Phi_1 \approx 常数$$

2.2.2 电压要随频率变

1. 频率低了磁通增

由式（1-7）知，异步电动机内，磁通的大小取决于反电动势和频率之比：

$$\Phi_1 = \frac{E_{1X}}{f_X} = \frac{|\dot{U}_{1X} - \dot{U}_1|}{f_X} = 常数 \qquad (2-2)$$

频率 f_X 下降时，如果施加于电动机的电源电压 U_{1X} 保持不变的话，则由于阻抗压降基本不变，磁通必增大。如果频率从 50Hz 下降至 5Hz 的话，磁通将可能增大到额定值的近 10 倍之多。

2. 稳住磁通变电压

在式（2-2）中，如果能使反电动势 E_{1X} 和频率 f_X 之比等于常数的话，磁通 Φ_1 就可以保持不变。这是保持磁通不变的准确方法。

但反电动势 E_{1X} 是定子绕组切割磁通而产生的，无法从外部控制其大小。在实际工作中，用比较容易从外部进行控制的外加电压 U_{1X} 来近似地代替反电动势 E_{1X} 是具有现实意义的。即

$$\Phi_1 \approx \frac{U_{1X}}{f_X} \approx 常数 \qquad (2-3)$$

式中 U_{1X}——当频率为 f_X 时，施加于电动机定子的相电压（V）。

所以，变频的同时也必须变压，目的是为了保持磁通基本不变，如图 2-13 所示。

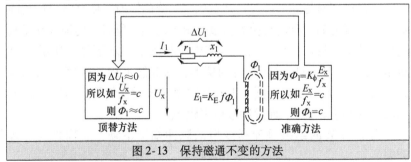

图 2-13 保持磁通不变的方法

3. 调频比与调压比

设当频率下降为 f_X 时，电压下降为 U_X，则

$$k_F = \frac{f_X}{f_N} \qquad (2-4)$$

称为频率调节比，或简称调频比。

$$k_U = \frac{U_X}{U_N} \qquad (2-5)$$

称为电压调节比，或简称调压比。

式中　U_X——与频率 f_X 对应的电压（V）；

　　　　f_N——额定频率（Hz）；

　　　　U_N——额定电压（V）；

　　　　k_F——频率调节比；

　　　　k_U——电压调节比。

当 $k_U = k_F$ 时，电压与频率成正比，其 $U_X = f(f_X)$ 曲线将通过原点，如图 2-14 所示，称为基本 U/f 线。图中，与变频器的最大输出电压对应的频率，称为基本频率，用 f_{BA} 表示。

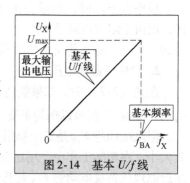

图 2-14　基本 U/f 线

2.2.3　调制脉宽随正弦

要实现变频又变压，可以考虑的方法如下。

1. 脉幅调制（PAM）

这是最容易想到的办法，即在频率下降的同时，使直流电压也随着下降。因为晶闸管的可控整流技术早已成熟，所以人们很容易想到利用可控整流技术使整流后的直流电压与频率同步下降，如图 2-15 所示。图 2-15b 是频率较高时的情形，这时脉冲周期较短（频率较高），而脉冲幅值较大；图 2-15c 是频率较低时的情形，这时脉冲周期较长（频率较低），而脉冲幅值则较小。

由于 PAM 的结果是使逆变后的脉冲幅度下降，故称之为脉幅调制。

实施 PAM 的控制电路比较复杂，因为要同时控制整流和逆变两个部分。并且，由于晶闸管整流后的直流电压的平均值和移相角之间并不成线性关系，也使两个部分之间的协调比较困难。

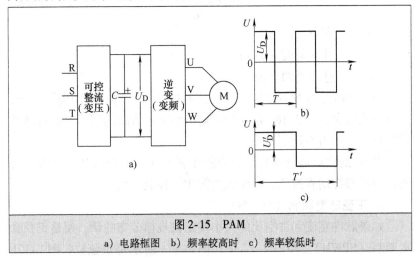

图 2-15 PAM

a) 电路框图　b) 频率较高时　c) 频率较低时

2. 脉宽调制（PWM）

将变频器输出电压的每半个周期分割成许多个脉冲，通过调节脉冲宽度和脉冲周期之间的"占空比"来调节平均电压，如图 2-16 所示。

占空比的定义是每个脉冲周期中，脉冲宽度所占的比例：

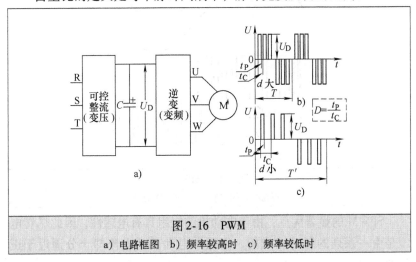

图 2-16 PWM

a) 电路框图　b) 频率较高时　c) 频率较低时

$$D = \frac{t_P}{t_C} \qquad (2\text{-}6)$$

式中　D——占空比；

　　t_P——脉冲宽度（μs）；

　　t_C——脉冲周期（μs）。

图 2-16b 是变频器输出频率较高时的情形，这时脉冲周期较短，而占空比较大；图 2-16c 是变频器输出频率较低时的情形，这时脉冲周期较长，而占空比则较小。

PWM 的优点是只需要在逆变侧控制脉冲的上升沿和下降沿的时刻，而不必控制直流侧，因而大大简化了控制电路。

3. 正弦脉宽调制（SPWM）

如果脉冲宽度和占空比的大小按正弦规律分布的话，便是正弦脉宽调制（SPWM）。在图 2-17 中，图 2-17a 所示是正弦波，图 2-17b 所示即为正弦脉宽调制波。当正弦量较小时，脉冲的占空比也较小。反之，当正弦量为振幅值时，脉冲的占空比也较大。

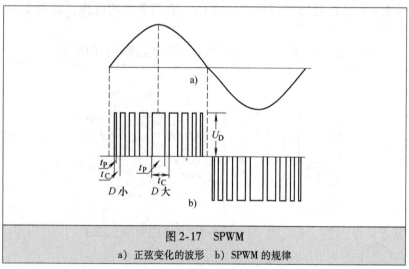

图 2-17　SPWM

a）正弦变化的波形　b）SPWM 的规律

SPWM 的显著优点：由于电动机的绕组具有电感性，因此尽管电压是由一系列的脉冲构成的，但通入电动机的电流却十分逼近于正弦波。

2.2.4　SPWM 的实施

要实施 SPWM 的关键问题是如何确定每个脉冲的上升时刻和下降时刻，如图 2-18 中的 t_1、t_2、t_3、t_4、t_5、t_6、t_7、t_8……所示。在变频器中，各脉冲的上升沿与下降沿的时刻是由正弦波和等边三角波的交点来决定的。这里三角波是载波，它的频率及振幅都和变频器的输出频率无关；正弦波是调制波，其频率等于输出频率，振幅值根据用户需要随频率而变化。所以 SPWM 的脉冲序列是调制波调制载波的结果。

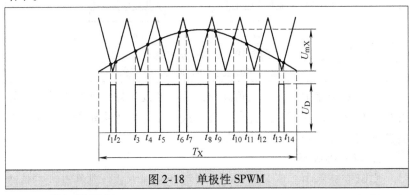

图 2-18　单极性 SPWM

1. 单极性调制

虽然单极性调制已经很少应用了，但就产生脉冲序列的基本过程而言，和双极性调制是相同的，而单极性调制则比较容易说明问题。

单极性调制的特点：三角波是单极性的，如图 2-18 所示。变频时：

1）三角波称为载波，其振幅值决定了脉冲的高度；频率大小则决定了每半个周期内脉冲的个数。

2）正弦波是调制波，其频率就是用户的给定频率；其振幅值按用户所要求的比值 U_{1X}/f_X 和给定频率 f_X 同时变化，如图 2-19 所示。

3）计算机将实时地计算出各脉冲的上升沿和下降沿的时刻，如图 2-18 中之 t_1、t_2、t_3……每个交点时刻都是调制波的振幅值和周期的函数：

$$t = f_X\ (T_X,\ U_{mX}) \tag{2-7}$$

式中 t——脉冲上升或下降的时刻（s）;

f_X——变频器的输出频率（Hz）;

T_X——与f_X对应的周期（s）;

U_{mX}——调制波的振幅值（V）。

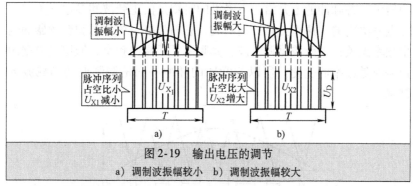

图2-19 输出电压的调节

a）调制波振幅较小 b）调制波振幅较大

所以变频器中并没有三角波和正弦波的发生器，而是在计算机软件里，存储着许许多多的交点方程。这些交点方程决定着脉冲序列中各脉冲的上升沿和下降沿的时刻。

2. 双极性调制

实际变频器中，更多地是使用双极性调制方式。其特点：三角波是双极性的，如图2-20所示。

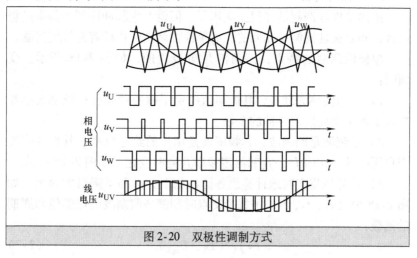

图2-20 双极性调制方式

双极性调制后的脉冲系列也是双极性的，如图中之 u_U、u_V、u_W。但合成后的线电压脉冲系列则是单极性的，如图中之 u_{UV} 所示。

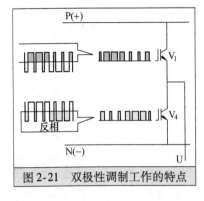

图 2-21 双极性调制工作的特点

双极性调制的工作特点：同一桥臂的上、下两个逆变管总是交替导通的。如图 2-21 所示，如果在脉冲的某一宽度内，V_1 导通、V_4 截止，那么在紧接着的宽度内，变成 V_1 截止、V_4 导通。例如，U 相脉冲序列的正半周作为 V_1 管的控制信号，则其负半周经反相后作为 V_4 管的控制信号。

2.3 交－直－交变频器的主电路

各种变频器控制电路的差异是很大的，但主电路的结构却基本相同。此外，许多故障现象都可以通过主电路进行分析。所以，记住主电路的结构与特点具有十分重要的意义。

2.3.1 整流滤波有特点

这里的所谓有特点，是相对于低压的整流和滤波电路而言。两者的区别在于低压的整流和滤波电路是经过变压器降压的，而变频器内的整流桥是从电源直接输入的，电压较高。

1. 滤波电路须均压

由于受到生产水平的限制，滤波用电解电容器的电容量和耐压能力难以满足变频器的要求。所以滤波电路常常由若干个电容器并联成一组，又由两组电容器串联而成，如图 2-22 中的 C_{F1} 和 C_{F2} 所示。因为在生产过程中，电解电容器的电容量有较大的离散性，故电容器组 C_{F1} 和 C_{F2} 的电容量常不能完全相等，这将导致它们承受的电压 U_{C1} 和 U_{C2} 不相等，承受电压较高的电容器组将容易损坏。

为了使 U_{C1} 和 U_{C2} 相等，在 C_{F1} 和 C_{F2} 旁各并联一个阻值相等的均压电阻 R_{C1} 和 R_{C2}，如图 2-22 所示。均压原理如下：

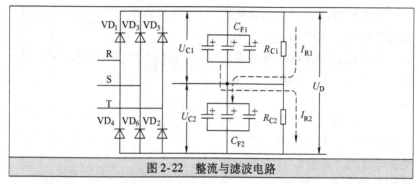

图2-22 整流与滤波电路

假设 $C_{F1} < C_{F2}$，则 $U_{C1} > U_{C2}$。这时，C_{F2} 上的充电电流 I_{R1} 必将大于 C_{F1} 上的充电电流 I_{R2}，C_{F2} 上的电压 U_{C2} 有所上升，而 C_{F1} 上的电压 U_{C1} 则有所下降，从而缩小了 U_{C1} 和 U_{C2} 的差异，使之趋于均衡。

2. 通电瞬间须限流

1）通电瞬间的电压 整流滤波电路在通电瞬间，滤波电容器上的电压 $U_D = 0$。因此，在通电瞬间，整流桥输入侧的电压也必下降为 0V。

在低压电路中，因为有降压变压器的隔离，电源电压不受影响，如图 2-23a 中之曲线②和曲线①所示。

但在变频器中，由于没有变压器隔离，当变频器刚接入电源的瞬间，电源电压将瞬间下降为 0V，如图 2-23b）中之曲线④所示。这将对其他设备形成干扰。

2）通电瞬间的电流 整流滤波电路在通电瞬间，将有一个很大的冲击电流 i_C 经整流桥流向滤波电容，在低压电路中，变压器的二次绕组能够将合闸时的冲击电流限制在允许范围内，如图 2-23a 中之曲线③所示。

但在变频器中，合闸瞬间的冲击电流毫无阻拦，将达到十分可怕的程度，如图 2-23b 中之曲线⑤所示，该冲击电流足以损坏整流管。

3）解决办法 在三相整流桥和滤波电容器之间，接入限流电阻 R_L。一方面将滤波电容器的充电电流限制在一个允许范围内，如图 2-23c 中之曲线⑦所示；另一方面因为有了 R_L 的阻隔，电源电压也不会降至 0V，如图 2-23c 中之曲线⑥所示。

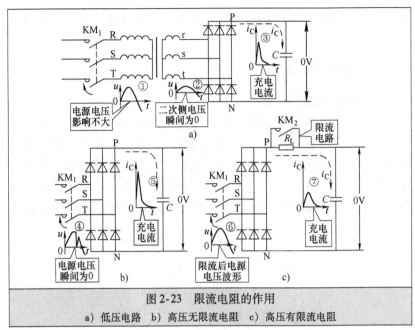

图 2-23 限流电阻的作用

a) 低压电路 b) 高压无限流电阻 c) 高压有限流电阻

但 R_L 若长期接在电路内，其电压降将影响直流电压和变频器输出电压的大小。因此，当滤波电容器已经充电到一定程度后，由接触器 KM_2（或晶闸管）将 R_L 短路。

3. 直流指示为安全

用于直流电压指示的发光二极管 HL 并不在面板上进行显示，通常是在主控板上。其主要功能并不表示电源是否接通，而是在变频器切断电源后，表示滤波电容器 C_F 上的电荷是否已经释放完毕。如图 2-24 所示，由于 C_F 的容量较大，而切断电源又必须在逆变电路停止工作的状态下进行，所以 C_F 没有快速放电的回路，其放电时间往往长达数分钟。又由于 C_F 上的电压较高，如不放完，对人身安全将构成威胁。故在维修变频器时，必须等 HL 完全熄灭后才能

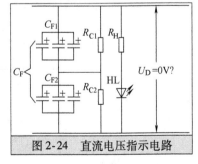

图 2-24 直流电压指示电路

接触变频器内部的导电部分，所以 HL 的作用主要在于保护维修人员的安全。

2.3.2 逆变输出能交换

1. 电动机的电路特点

电动机的电路属于电阻电感电路（R、L 电路）。由电工基础知识可知，电阻电感电路的工作特点如图 2-25 所示，电流比电压滞后 φ 角，在 $0 \sim t_1$ 时间段，电流与电压反相，是电动机的磁场向电源反馈电能；在 $t_1 \sim t_2$ 时间段，电流与电压同相，是电源向电动机提供电能。总之，是电动机的磁场能和电源之间，处于不断地交换能量的状态。

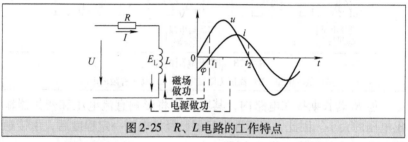

图 2-25 R、L 电路的工作特点

2. 逆变桥的结构

由于逆变桥的开关器件 IGBT 只能是单方向导通的，为了给电动机的磁场能提供反馈通路，能够反馈给电源，在 IGBT 旁必须反并联一个二极管，如图 2-26 中之 $VD_7 \sim VD_{12}$ 所示。

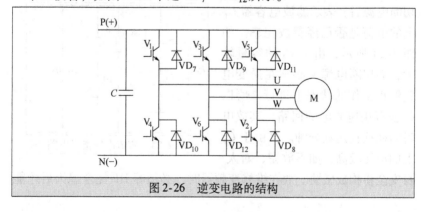

图 2-26 逆变电路的结构

3. 逆变桥的工况

在变频调速系统中，在电源和电动机之间，有变频器相隔，电动机的磁场能量并不直接和电源能量进行交换，而只是和直流回路中的滤波电容器之间进行能量交换。

具体过程如图 2-27 所示。

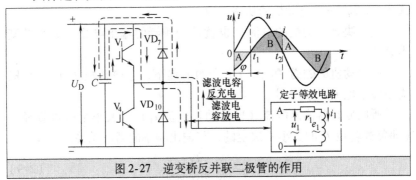

图 2-27　逆变桥反并联二极管的作用

$0 \sim t_1$ 段：电流 i 与电压 u 的方向相反，是绕组的自感电动势（即反电动势）克服电源电压在做功（磁场做功）。这时的电流是通过反并联二极管反馈到直流回路，向滤波电容器充电。

$t_1 \sim t_2$ 段：电流 i 与电压 u 的方向相同，是滤波电容器的电压克服绕组的自感电动势在做功。这时的电流是滤波电容器向电动机放电的电流。

所以在变频器内，是电动机的磁场能和滤波电容器之间不断地进行着能量交换。

2.4　输入电流变异多

任何电器在使用过程中，人们都会特别关注其工作电流，变频器也不例外。在变频调速系统中，电源并不直接向电动机供电，中间被变频器隔开了。因此出现了一些不同寻常的现象，需要认真分析。

2.4.1　输入输出不相同

当我们了解变频调速系统的电流时，既要关注变频器输出给电动机的工作电流，又要关注变频器从电源输入的电流。

1. 输出电流负载定

拖动系统的任务是拖动负载运转，所以归根结底，电动机电流的大小，必取决于负载的轻重。就是说，要求电动机产生的电磁转矩 T_M 必须足以克服负载的阻转矩 T_L：

$$T_M = K_T I'_2\ \Phi_1 \cos\varphi_2 \approx T_L \tag{2-8}$$

式中　$\cos\varphi_2$——电动机的功率因数。

这是决定电动机的电流（也就是变频器的输出电流）大小的基本公式。

在电动机的磁通 Φ_1 保持不变的前提下，电磁转矩 T_M 的大小取决于转子电流 I'_2 的大小。

所以变频器输出电流（即电动机电流 I_1）的大小是由负载轻重（即负载转矩 T_L 的大小）决定的，与输出频率的高低无关：

$$I'_2 \approx \frac{T_L}{K_T \Phi_1 \cos\varphi_2} \tag{2-9}$$

如图 2-28 所示，不论变频器的输出频率是 50Hz，还是 25Hz，如果负载的阻转矩 T_L 未变，变频器的输出电流是相等的。

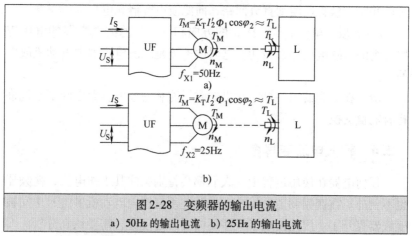

图 2-28　变频器的输出电流
a) 50Hz 的输出电流　b) 25Hz 的输出电流

2. 环节虽多功率同

变频调速系统由多个环节组成：输入环节、直流环节、输出环节和拖动环节等。

根据能量守恒的原理，如果各环节的功率损耗都忽略不计，则各环节的功率近似相等：

$$P_S \approx P_D \approx P_{M1} \approx P_{M2} \approx P_L$$

式中 P_S——变频器输入的电源功率（kW）；

   P_D——直流回路的功率（kW）；

   P_{M1}——电动机的输入功率（变频器的输出功率）（kW）；

   P_{M2}——电动机的输出功率（kW）；

   P_L——负载功率（kW）。

3. 减速运行功率降

在负载的阻转矩保持不变的前提下，当工作频率下降时，各环节的变化如图 2-29 所示。

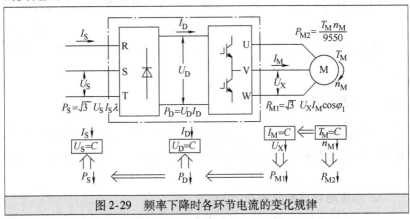

图 2-29　频率下降时各环节电流的变化规律

1）负载功率 P_L　负载所需的机械功率等于

$$P_L = \frac{T_L n_L}{9550} \tag{2-10}$$

式中 P_L——负载所需功率（kW）；

   T_L——负载的阻转矩（N·m）；

   n_L——负载的转速（r/min）。

很明显，转速下降时，负载功率随之减小。

2）电动机的输出功率 P_{M2}　电动机输出功率的计算公式

$$P_{M2} = \frac{T_M n_M}{9550}$$

因转速 n_M 要随频率下降，在电磁转矩 T_M 不变的前提下，输出功

率 P_{M2} 将随负载功率一起减小。

3）电动机的输入功率 P_{M1}　电动机输入功率的计算公式

$$P_{M1} = \sqrt{3}U_X I_M \cos\varphi_1 \qquad (2\text{-}11)$$

式中，因电磁转矩不变，故电流 I_M 也不变，但变频器的输出电压要随频率下降，所以电动机的输入功率（也就是变频器的输出功率）也下降。

4）直流回路的电流 I_D　直流回路电功率 P_D 的计算公式

$$P_D = U_D I_D \qquad (2\text{-}12)$$

式中，直流电压 U_D 是不变的，故直流电流 I_D 随功率 P_D 而减小。

5）变频器的输入电流 I_S　变频器输入电源功率 P_S 的计算公式

$$P_S = \sqrt{3}U_S I_S \lambda \qquad (2\text{-}13)$$

式中，因电源电压 U_S 是不变的，故输入电流 I_S 随功率 P_S 而减小。（式中的 λ 是全功率因数，见后述。）

2.4.2　三相电流不平衡

变频调速系统在低频运行时，整流桥的三相输入电流常常是不平衡的。其原因主要在于滤波电容器的充放电过程发生了变化。分析如下：

1. 滤波电容接电阻负载

变频器输入的三相电压经全波整流后的电压有 6 个脉波，如图 2-30所示。

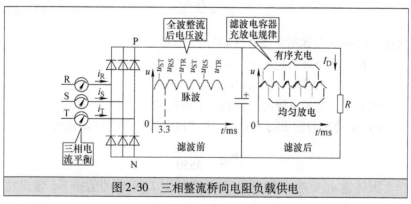

图 2-30　三相整流桥向电阻负载供电

　　每个脉波的上升沿是三相电源轮流地向滤波电容器充电,充电过程是有序的。

　　在每个脉波的下降沿是滤波电容器向负载电阻放电的过程,因为电阻值是常数,所以每个脉波的放电电流都是相等的。或者放电的过程是均等的。

　　所以,当三相整流桥的负载是电阻负载时,滤波电容器上的充、放电过程具有"有序充电,均等放电"的特点。在这种情况下,整流桥的三相输入电流是平衡的。

2. 滤波电容接感性负载

　　逆变桥的负载是电动机,属于感性负载。如 2.3.2 节所述,电动机和滤波电容器之间,也存在着充、放电过程。即变频器里的滤波电容器,同时接受着电源和负载两方面的充、放电。由于两方面的频率不相等,充、放电的步调也就不一致。例如,当输出频率为 25Hz 时,电流比电压滞后的时间设为 7.5ms,如图 2-31 所示。就是说,在7.5ms 的时间段内,负载一直在向电容器充电。而三相全波整流后,每个脉波的时间只有 3.3ms。于是,当电源侧的第 2 个和第 3 个脉波来临时,负载侧还在向电容器充电,电源的第 2 个和第 3 个脉波实际上并没有充电,于是 6 个脉波向滤波电容器充电的有序性被破坏了。

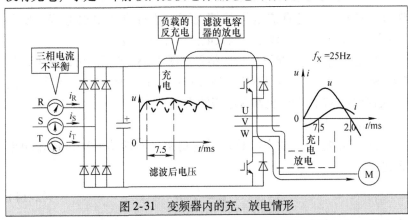

图 2-31　变频器内的充、放电情形

　　再看放电,滤波电容器向电动机的放电电流是正弦电流,是由小逐渐增大的。因此,6 个脉波的放电电流也是各不相同的,放电的均等性也被破坏了。

总之，6个脉波的充电既不有序，放电也不均等，所以三相输入电流是不平衡的。并且哪相电流大，哪相电流小，是随变频器输出频率的大小以及负载的轻重而变的，并无规律。

2.4.3 功率因数变了味

1. 奇怪的测量结果

变频调速系统在运行时，工厂原有的功率因数表（cos表）的读数接近于"1"；但电力公司的功率因数表的读数却只有0.65左右，如图2-32所示，怎么回事呢？

2. 输入电流谐波多

因为三相整流桥的输出侧是较高的直流电压。以输入线电压380V为例，输出侧直流电压的振幅值为537V，平均值为513V，如图2-33a所示。输入侧的电压

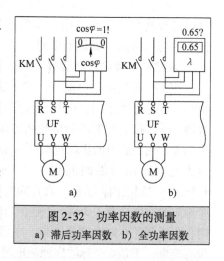

图 2-32 功率因数的测量
a）滞后功率因数 b）全功率因数

瞬时值只有在超过直流电压的情况下，才有可能出现电流，如图2-33b和2-33c所示。显然，输入电流是非正弦波。

对输入电流进行频谱分析的结果如图2-33d所示。可以看出，其5次谐波和7次谐波的成分比基波分量小不了多少，就连11次谐波、13次谐波和17次谐波也都有相当的份额。

3. 功率因数的定义

1）基本定义 功率因数是平均功率（有功功率）与视在功率之比：

$$\lambda = \frac{P}{S} \tag{2-14}$$

式中 λ——全功率因数；

P——有功功率（kW）；

S——视在功率（kVA）。

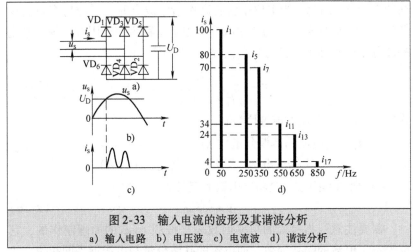

图 2-33 输入电流的波形及其谐波分析

a）输入电路 b）电压波 c）电流波 d）谐波分析

2）位移因数 因电流比电压滞后导致的使平均功率减小的因子，称为位移因数，即 $\cos\varphi$。这也是我们所熟知的功率因数，如图 2-34a 所示。在分析电动机的定、转子电路时，因为电流基本上是正弦电流，所以仍用 $\cos\varphi$。

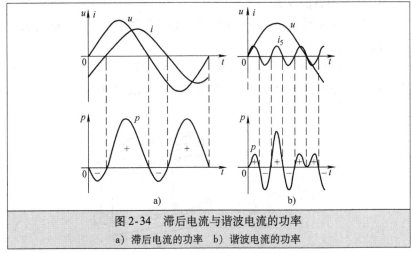

图 2-34 滞后电流与谐波电流的功率

a）滞后电流的功率 b）谐波电流的功率

3）畸变因数 任何高次谐波电流都是无功电流，以 5 次谐波电流为例，其瞬时功率如图 2-34b 所示。由图可以看出，每半个周期内，"＋"的瞬时功率之和，与"－"的瞬时功率之和正好相等，平均功率为0。因此，当电流中含有高次谐波成分时，平均功率是比较低的。由此而导致的平均功率减小的因子，称为畸变因数，等于电流基波分量的有效值与总有效值之比：

$$v = \frac{I_1}{\sqrt{I_1^2 + I_5^2 + I_7^2 + \cdots}} \qquad (2\text{-}15)$$

式中　　v——电流的畸变因数；

　　　　I_1——电流的基波分量（A）；

I_5、I_7、…——5 次谐波电流、7 次谐波电流、…（A）。

4）全功率因数　全功率因数的定义为

$$\lambda = v\cos\varphi \qquad (2\text{-}16)$$

需要注意：指针式的功率因数表是按照 $\cos\varphi$ 的原理制作的，它反映不了电流的畸变因数。而电流的基波分量与电压近乎同相位，故用指针式功率因数表测量变频器输入侧的功率因数时，读数接近于"1.0"。但这是错误的，因为它只反映了位移因数，而没有将畸变因数反映进去。

4. 功率因数的改善

要改善变频器进线侧的功率因数，必须对症下药，设法削弱电流中的高次谐波成分。

1）接入交流电抗器　三相交流电抗器由 3 个相同的电感线圈组成，其外形则如图 2-35b 所示。在电路中的接法如图 2-35a 所示。

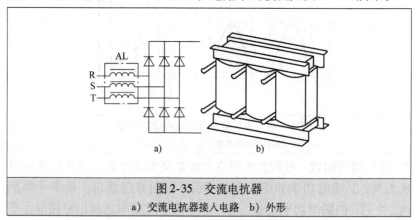

图 2-35　交流电抗器

a）交流电抗器接入电路　b）外形

如果电抗器的电感量足够大，电源进线电流里的高次谐波成分是能够大幅度削弱的。但因为变频器的输入电路里接入交流电抗器后，要产生电压降，降低了变频器的实际输入电压。因此，交流电抗器的电感量是受限制的。所以，单就提高功率因数的效果而言，接入交流电抗器后，只能将功率因数提高至（0.75～0.85）。

2）接入直流电抗器　直流电抗器只有一个线圈，接在整流桥和滤波电容器之间，如图 2-36a 所示，其外形如图 2-36b 所示。

就提高功率因数的效果而言，直流电抗器可将功率因数提高至 0.9 以上。接入直流电抗器后，变频器进线电流的波形如图 2-36c 所示。

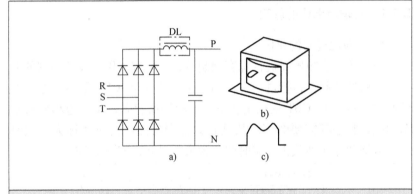

图 2-36　直流电抗器

a）直流电抗器在电路中的位置　b）外形　c）接入直流电抗器后输入电流的波形

直流电抗器容易自制。只需找一个废旧的变压器铁心，在铁心上绕上若干圈线圈即可。导线的线径根据电流的平均值选定；线圈的匝数以电动机满载时，电抗器上的电压降不超过平均直流电压的 3% 为宜。

2.5　载波频率有影响

变频器的输出电压是按载波频率分配的脉冲序列，如图 2-37 所示。载波频率低，脉冲的分布较疏，如图 2-37a 所示；反之，载波频率高，脉冲的分布较密，如图 2-37b 所示。那么，脉冲分布的疏密，对变频器的输出侧，有些什么影响呢？

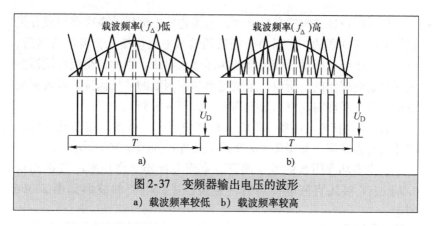

图 2-37　变频器输出电压的波形
a）载波频率较低　b）载波频率较高

2.5.1　对输出电压的影响

1. 双极性调制的死区

如上述，变频器在进行脉宽调制时，一般都采用双极性调制的方式。双极性调制在运行过程中，同一桥臂的两个 IGBT 是不断地交替导通的。每一个 IGBT 从截止状态到饱和导通状态，又从饱和导通状态到截止状态都需要时间。从截止到饱和导通所需时间称为开通时间，从饱和导通到截止所需时间称为关断时间，如图 2-38a 所示。

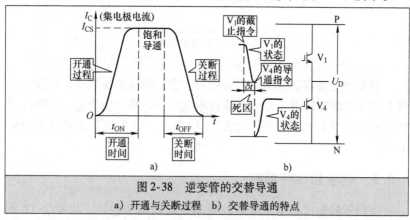

图 2-38　逆变管的交替导通
a）开通与关断过程　b）交替导通的特点

在交替导通过程中，如果原来导通的 IGBT 尚未完全截止，而另一个 IGBT 又开始导通，则必将造成两个 IGBT 同时导通的"直通"现象。

为了防止直通，在一个 IGBT 的截止指令和另一个 IGBT 的导通指令之间，必须留有死区，死区的时间必须大于 IGBT 的关断时间，如图 2-38b 所示。

2. 输出电压受影响

死区是不工作的时间，不工作的时间多了，必然会影响变频器的输出电压。

如图 2-39 所示，交替导通的次数是脉冲个数的两倍。所以载波频率高了，总的死区时间就长了，输出电压将减小。

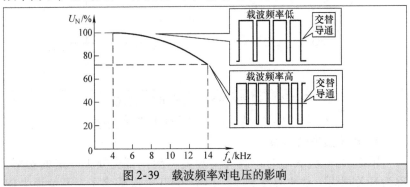

图 2-39　载波频率对电压的影响

由图可以看出，如果以载波频率为 4kHz 时的输出电压为 100%，当载波频率增大为 14kHz 时，输出电压就只有 71% 了。

所以载波频率高了，变频器的输出电压会有所下降。

2.5.2　对输出电流的影响

载波频率对变频器最大输出电流的影响主要体现在两个方面：

1. 线路漏电流增加

载波频率高了，从变频器到电动机的线路之间，以及电动机的线匝之间分布电容的容抗将减小：

$$X_{C0} = \frac{10^{12}}{2\pi f_\Delta C_0} \tag{2-17}$$

式中　X_{C0}——分布电容的容抗（Ω）；

　　　f_Δ——载波频率（Hz）；

　　　C_0——分布电容的电容量（pF）。

通过分布电容的漏电流将随载波频率的增大而增加，这些漏电流也都要通过 IGBT 的，从而增加了 IGBT 的负担，减小了逆变桥向电动机输出电流的能力，如图 2-40a 所示。

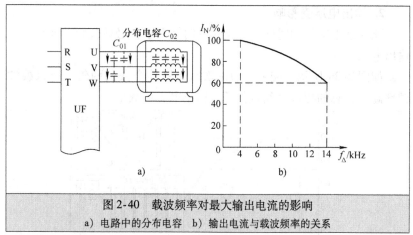

图 2-40　载波频率对最大输出电流的影响

a）电路中的分布电容　b）输出电流与载波频率的关系

2. 开关损失的增加

IGBT 每一次状态的转换（每开关一次）都会损失一定的功率，称为开关损失。载波频率高了，IGBT 的开关次数多了，开关损失就大了，开关损失将导致 IGBT 的发热。

所以载波频率高，变频器允许输出的最大电流将减小。如图 2-40b 所示，如果以载波频率为 4kHz 时的允许输出电流为 100%，当载波频率增大为 14kHz 时，允许的最大输出电流就只有 60% 了。

2.5.3　对电磁噪声的影响

在变频器的输出电流中，不可避免地存在着与载波同频率的高次谐波分量，电动机的磁路中就有高次谐波磁通，并在硅钢片中感应出涡流。涡流与涡流之间的电动力使硅钢片振动而产生电磁噪声。

噪声的大小又和人耳对声音的灵敏度有关。当载波频率很高时，人耳的灵敏度较低，噪声就"小"；载波频率较低时，人耳的灵敏度较高，噪声就"大"。

如图 2-41 所示，当载波频率为 4kHz 时，噪声可达 66dB；而当载波频率为 14kHz 时，噪声可降低为 56.5dB。

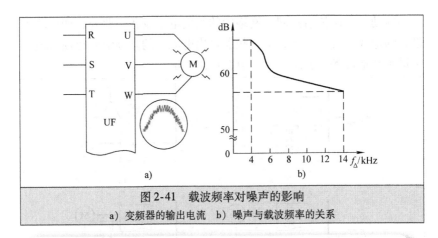

图 2-41　载波频率对噪声的影响

a）变频器的输出电流　b）噪声与载波频率的关系

2.6　对抗干扰有措施

2.6.1　变频器的干扰源

变频器干扰其他设备的根本原因是因为其输入和输出电流中具有高次谐波成分的缘故，分述如下：

1. 变频器的输入电流

如 2.4.3 节所述，变频器的输入电流中具有很多的谐波成分。这些高次谐波电流除了影响功率因数外，其所产生的电磁波还可能对其他设备形成干扰。

2. 变频器的输出电压

绝大多数逆变桥都采用脉宽调制方式，其输出电压为占空比可调的系列矩形波，这样的高频电压波，可能对其他设备形成静电干扰。

3. 变频器的输出电流

由于电动机定子绕组的电感性质，定子电流十分接近于正弦波，但其中与载波频率相等的谐波分量由于频率较高，辐射能较大。

2.6.2　干扰信号的传播途径

干扰信号的主要传播途径主要有以下 4 种：

1. 线路传播

由于变频器的输入电流中有很强的谐波成分，使网络电压产生相应的脉动，从而传播到同一网络中的其他电子设备。此外，如果若干设备的地线连接在一起，则变频器输出电流中的高频信号将通过地线传播到其他设备，如图 2-42a 中途径①所示。

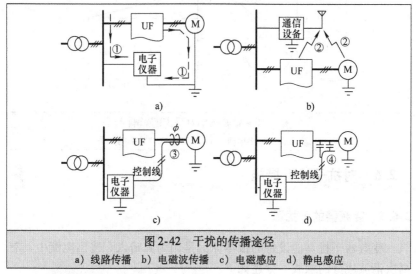

图 2-42 干扰的传播途径

a）线路传播 b）电磁波传播 c）电磁感应 d）静电感应

2. 辐射传播

因为变频器的输入电流和输出电流中都有频率较高的谐波成分，谐波电流所产生的电磁场具有辐射能。使其他设备（尤其是通信设备）因接收到电磁波信号而受到干扰，如图 2-42b 中②所示。

3. 电磁感应传播

当其他设备的控制线接近变频器的主线路（输入或输出）时，将切割主线路所产生的高频电磁场而产生干扰信号，如图 2-42c 中③所示。

4. 静电感应传播

当其他设备的控制线接近变频器的输出主线路时，变频器输出的高频电压信号，将通过线间的分布电容，传播到其他设备中去，如图 2-42d 中④所示。

2.6.3 抗干扰的措施

1. 电源隔离

电源隔离是防止线路传播的最为有效的方法，有两种情形：

1）在变频器的输入侧加入变压器隔离，如图 2-43a 中①所示。

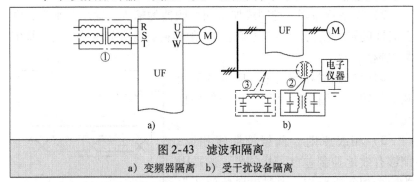

图 2-43 滤波和隔离

a）变频器隔离 b）受干扰设备隔离

2）受干扰设备的容量较小时，可在受干扰设备前，接入隔离变压器，如图 2-43b 中②所示。

2. 加入滤波电路

如图 2-42b 中③所示。图中，电容器的容量视干扰程度而定。一般情况下，可选（0.47 ~ 2）μF，耐压应 ≥ 1000V。

3. 正确接地

如果将各种电子设备的地线连接到一起后再接地，如图 2-44a 所示，则地线为相互间传播干扰信号提供了路径。

正确的接地方法应该是每个设备都单独接地，如图 2-44b 所示。

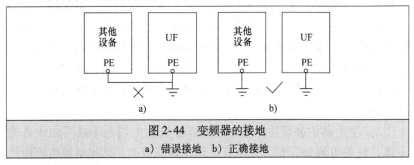

图 2-44 变频器的接地

a）错误接地 b）正确接地

4. 合理布线

合理布线能够在相当大的程度上削弱干扰信号的强度，布线时，应遵循以下 3 个原则：

1）远离原则 干扰信号的大小与受干扰控制线和干扰源之间距离的平方成反比。因此，各种设备的控制线应尽量远离变频器的输入、输出线。

2）不平行原则　控制线如果和变频器的输入、输出线平行，则两者间的互感较大，分布电容也大，故电磁感应和静电感应的干扰信号也越大。

因此控制线在空间上，应尽量和变频器的输入、输出线交叉，最好是垂直交叉。

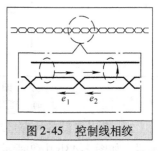

图2-45　控制线相绞

3）相绞原则　两根控制线相绞，能够有效地抑制差模干扰信号。这是因为两个相邻绞距中，通过电磁感应产生的干扰电流的方向是相反的，如图2-45所示。

资料表明，绞距越小，则抑制差模干扰信号的效果越好。

5. 采用屏蔽线

为了防止各种感应干扰信号，常常采用在线路外部由金属层屏蔽的方式。但控制线和主电路屏蔽层的接地方法却是不一样的，说明如下：

1）控制线的屏蔽层　控制电路是干扰的"受体"。当它靠近主电路时，要受到高频电磁场的感应干扰。屏蔽层的作用是阻挡主电路的高频电磁场，但它在阻挡高频电磁场的同时，屏蔽层自己也会因切割高频电磁场而受到感应。当一端接地时，因不构成回路，产生不了电流，如图2-46a中之①所示。而如果两端接地的话，就有可能与控制线构成回路，在控制线里产生干扰电流。所以控制电路的屏蔽层只能一端接地。

2）主电路的屏蔽层　主电路的高频谐波电流是干扰其他设备的主体，它的电流是几安、几十安甚至几百安级的，高次谐波电流所产生的高频电磁场是较强的。因此，抗干扰的着眼点是如何削弱高频电磁场。三相高次谐波电流可以分为正序分量、逆序分量和零序分量。其中正序分量和逆序分量的三相之间，都是互差$2\pi/3$电角度的，它们的合成磁场等于0，自己就抵消了。只有三相零序分量是同相位的，互相叠加，产生强大的电磁场。削弱的方法是采用四心电缆，如

图 2-46b 中②所示。这第 4 根电缆线将切割零序电流的磁场而产生感应电动势，并和屏蔽层构成回路而有感应电流。根据楞次定律，该感应电流必将削弱零序电流的磁场。所以主电路的屏蔽层是两端都接地的。

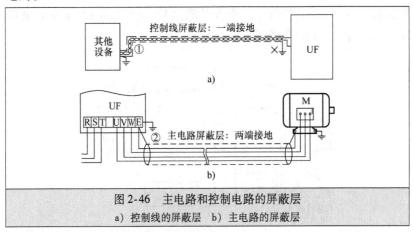

图 2-46 主电路和控制电路的屏蔽层

a）控制线的屏蔽层 b）主电路的屏蔽层

2.7 交－直－交变频的改进

2.7.1 整流脉波翻了倍

1.6 脉波整流

常规的三相整流桥整流后的电压波形，有 6 个脉波，如图 2-47 中的曲线②所示。6 脉波整流的主要缺点是三相输入电流的波形严重畸变，如图中的曲线①所示，导致电源侧的功率因数很低。

2.12 脉波整流

1）电路的结构特点 12 脉波整流的特点是电源侧增加

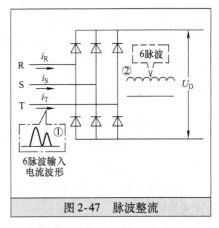

图 2-47 脉波整流

了一个三相变压器，其二次侧具有两组绕组，一组接成丫形，另一组接成△形，两者各自经三相桥形整流后再并联，如图2-48所示。

2）电压波形　两个桥形整流后分别得到各自的6脉波电压，如图2-48中之曲线①和曲线②所示。

根据电工基础的知识，△形接法的电压相量和丫形接法的电压相量之间，互差π/6电角度，两者并联之后，就得到12脉波的电压了，如图中2-48的曲线③所示。

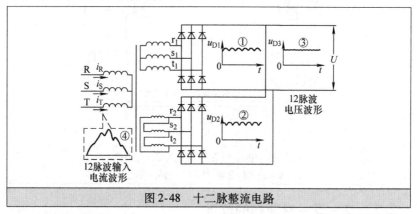

图2-48　十二脉整流电路

3）主要优点

① 直流电压的波形平缓多了，可以减小滤波电容器的容量。

② 变频器输入电流的波形比较地接近于正弦波了，如图2-48中的曲线④所示。有关资料表明，6脉波整流时，变频器的畸变率是88%，用了12脉波整流后，输入电流的畸变率只有12%了。功率因数因此而得到了很好的改善。

2.7.2　逆变采用三电平

1. 采用三电平逆变电路

三电平逆变电路也称为中心点箝位逆变电路，其构成如图2-49所示，基本特点如下：

1）逆变电路　由12个开关器件 $VT_1 \sim VT_{12}$ 构成，每个桥臂有4个开关器件。

2）钳位二极管　每个桥臂中间的两个开关器件被二极管钳位于两组电容的中心点（0电平点）。

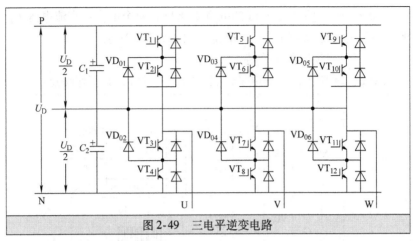

图 2-49　三电平逆变电路

3）三电平的含义

① 直流电路的正端为高电平；

② 直流电路的负端为低电平；

③ 两组互相串联的滤波电容器的中点为零电平。

2. 三电平逆变电路的工作特点

首先观察一下普通变频器的二电平的工作特点。

1）二电平工作特点　图 2-50a 所示是普通变频器中逆变桥一个桥臂的电路，它的工作特点：

① 同一桥臂的开关器件只有两种状态，如图 2-50b 所示。

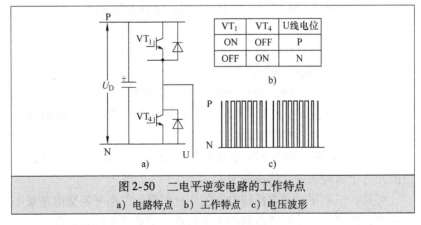

图 2-50　二电平逆变电路的工作特点

a）电路特点　b）工作特点　c）电压波形

② 在逆变过程中，U 线的电位变化只有两个电位：直流电压 U_D 的"＋"电位和 U_D 的"－"电位，如图 2-50c 所示。

③ 三电平逆变的工作特点

图 2-51a 所示，是三电平逆变桥的一个桥臂，其工作特点：

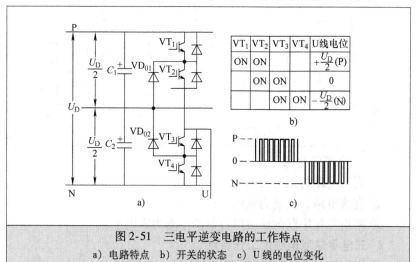

图 2-51　三电平逆变电路的工作特点
a）电路特点　b）开关的状态　c）U 线的电位变化

2）开关器件的状态　开关器件有 3 种状态，如图 2-51b 所示。其中，晶体管 VT_1 和 VT_3 的状态总是互反的，VT_2 和 VT_4 也总是互反的。

3）电位变化　在逆变过程中，U 线的电位变化如图 2-51c 所示，它有 3 个电位：U_D 的'＋'电位、U_D 的'－'电位、电容器组中点的'0'电位。

3. 三电平逆变电路的优点

图 2-52 所示是变频器的三相输出线之间的线电压波形。

1）二电平逆变图 2-52a 所示是二电平逆变电路的输出线电压波形，由图知，每个脉冲的变化幅度等于 U_D。

2）三电平逆变图 2-52b 是三电平逆变电路的输出线电压波形，由图知每个脉冲的变化幅度等于 $U_D/2$。

可见，三电平逆变电路线电压的变化幅度比二电平逆变电路减小了一半，这是三电平逆变电路的主要特点。由此带来的好处有：

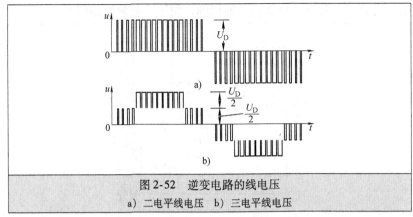

图 2-52 逆变电路的线电压
a）二电平线电压 b）三电平线电压

① 减小了对电动机槽绝缘的冲击，使之不易被击穿，从而延长了电动机的寿命。

② 减小了输出电流的脉动幅度，从而减小了由脉宽调制而产生的电磁辐射。

③ 减小了因线路分布电容而引起的漏电流。

④ 减小了电动机的轴和轴承内的感应电流以及由此而引起的电腐蚀。

2.7.3 变频电动机

普通电动机实现变频调速时，存在一些难以克服的缺点。为此，专门生产了一种适用于变频调速的电动机，称为变频电动机，其主要特点如下：

1. 有专用冷却风扇

普通电动机主要依靠和转子同轴的风扇进行冷却。在低频运行时，风扇的转速随转子同时降低，散热效果变差，影响了电动机的带负载能力。

变频电动机在外部专门安装了一个冷却风扇，直接和三相电源相接，其转速不受变频器输出频率的影响，从而增大了电动机在低频时的带负载能力，如图 2-53 所示。

2. 输出轴较长

普通电动机的输出轴较短，难以安装用于转速反馈的旋转编码器。为此，变频电动机加长了输出轴，便于安装旋转编码器。

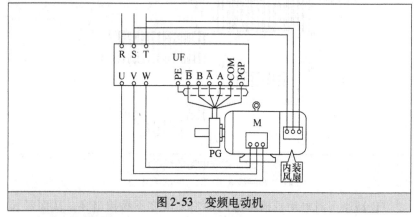

图 2-53　变频电动机

3. 磁路裕量较大

普通电动机在实现变频调速时，磁路容易饱和。在 V/F 方式下，用户难以掌握。为此，变频电动机在设计磁路时，留有较大裕量，使磁路不易饱和，用户较易掌握。

4. 加强槽绝缘

变频器的输出电压是高频高压的脉冲电压，绝缘材料在高频高压作用下，其介电强度将下降，容易被击穿，普通电动机因此而"烧坏"的情况时有发生。为此，变频电动机加强了槽绝缘，使之不易击穿。

5. 增加了轴承的绝缘

由于电动机的电流中含有频率很高的谐波分量，其高频磁场将在轴和轴承之间产生感应电流，使轴承的温度升高，润滑油容易干涸。为此，变频电动机在轴和轴承之间加入了绝缘层。

小　　结

1. 交 – 直 – 交变频器的核心部分是逆变电路，由若干个开关器件构成，现代变频器所用的开关器件大多是 IGBT 管。其主体部分类似于大功率晶体管，而驱动部分则类似于绝缘栅场效应晶体管。

2. 电动机在变频运行时，必须注意使磁通保持不变。其准确方法是保持反电动势与频率之比不变，实际方法则是在改变频率的同时，也改变电压。表明电压和频率之间关系的曲线称为 U/f 线，当 $k_U = k_f$ 时，称为基本 U/f 线。变频器在输出最大电压时对应的频率称为基本频率。

目前，多数变频器采用正弦脉宽调制（SPWM）的方法实现电压与频率的同步改变。

3. 变频器的主电路由整流和逆变两大部分组成。其要点如下：

1）整流部分须注意滤波电容器串联时的均压、限制接通电源时的充电电流等。

2）变频器运行的一大特点，是电动机内的磁场能和整流桥的滤波电容器之间不断地交换能量。所以逆变桥中，每个开关管旁边必须反并联一个二极管，以利于磁场能将电流反馈给滤波电容。

4. 变频器的输出电流取决于电动机负载的轻重，与输出频率无关。

低频运行时，变频器的输出电压要随频率下降，根据能量守恒的原理，变频器的输入电流将小于输出电流。

因为直流电源与电动机绕组之间存在着能量交换，变频器经三相全波整流后的 6 个脉波对滤波电容器充电的有序性和放电的均等性都被破坏，所以三相输入电流是不平衡的。

5. 变频器的输入电流中含有十分丰富的谐波成分，而所有的谐波电流都是无功电流，所以变频器输入侧的功率因数较低。

改善功率因数的主要方法是在电路内串联交流电抗器或直流电抗器，也可采用 12 脉波整流。

6. 载波频率对变频器的影响：

1）载波频率高，变频器的输出电压将下降。

2）载波频率高，变频器允许输出的最大电流将减小。

3）载波频率低，电磁噪声将增大。

7. 异步电动机在电压和频率成正比下降时，阻抗压降却并不随频率而减小。所以反电动势所占的比例将减小，从而磁通和临界转矩也都减小，影响了电动机的带负载能力。这是异步电动机在低频运行时必须解决的一个问题。

8. V/F 控制方式的基本思想是在低频时，在电压和频率成正比的基础上，适当地补偿一点电压，以弥补阻抗压降所占比例增大的影响，称为转矩提升。变频器提供了两种或多种 U/f 线的类型供用户选择，用户还可以根据生产机械的具体工况，预置转矩提升量。

9. 低频运行时，如转矩提升不足，电动机将带不动负载，转矩提升太大，又会导致电动机的磁路饱和，出现尖峰电流，甚至引起过电流跳闸。

10. 矢量控制的基本思想是使异步电动机在变频时，能够具有像直流电动机那样的调速特点，从而获得与直流电动机类似的调速特性。矢量控制在实施时，须根据电动机的参数进行一系列的等效变换。所以其前提是必须了解电动机的参数。

在额定频率以下调频时，矢量控制可以使电动机的磁通始终保持为额定值。

11. 矢量控制根据是否需要外部的转速反馈而分为有反馈矢量控制和无反馈矢量控制。对于大多数恒转矩负载，应尽量采用无反馈矢量控制方式。

12. 直接转矩控制是通过对定子电压进行"棒-棒"控制而将转速和磁链的误差控制在允许范围内的。

13. 变频电动机的主要特点：有专用的风扇、输出轴较长、加强槽绝缘等。

14. SPWM 虽然很好地解决了变频、变压的问题，但也带来了一些额外的问题，如载波频率的影响和干扰问题等。

15. 采用 12 脉波整流和三电平逆变可以较好地使上述问题得到改进。

16. 变频器的外接主电路中

1）必须配置　空气断路器、输入接触器。

2）酌情配置　快速熔断器、输出接触器和热继电器。

复习思考题

1. 为什么电动机额定容量的单位是 kW，而变频器额定容量的单位却是 kVA？

2. 为什么变频器的逆变桥必须采用电力晶体管？

3. 交 - 直 - 交变频器的主电路是怎样构成的?

4. 变频器输入电压的允许范围是 340V ~ 420V, 其直流平均电压的变化范围是多大?

5. 限流电阻起什么作用? 烧坏了怎么配?

6. 均压电阻起什么作用? 均压电阻烧坏的可能原因是什么?

7. 逆变管旁边为什么要并联反向二极管?

8. 电动机在 50Hz 时的运行电流为 80A, 变频器的输入电流也接近于 80A, 如果电动机在 20Hz 时的运行电流仍为 80A, 变频器的输入电流大概是多大?

9. 当变频器的输出线电压等于 150V、250V 和 380V 时, 输出电压的脉冲高度分别等于多大?

10. 判断变频器是否过载应测量哪部分的电流? 测量变频拖动系统消耗的电能时, 应测量哪部分的电流?

11. 为什么在变频器的输入侧并联补偿电容不能改善功率因数?

12. 在变频调速系统中, 电动机的功率因数对变频器的输入侧有什么影响?

13. 变频器输入电路中的空气断路器和输入接触器分别起什么作用?

14. 某 37kW 的变频调速系统, 试选择空气断路器、快速熔断器和输入接触器的规格。

15. 在变频器和电动机之间, 哪些情况下不需要接热继电器? 哪些情况下必须接热继电器?

第 3 章

变频拖动系统

电力拖动系统需要关注的是拖得动,不发热;起停平稳,注意节能。

拖得动是拖动系统最根本的任务,不发热是电动机能否长时间运行的标志,起停平稳是拖动系统对过渡过程的状态要求,注意节能是任何运行系统都必须考虑的问题。

3.1 低频运行的新问题

3.1.1 低频试验看结果

1. 试验方法

如图 3-1a 所示。

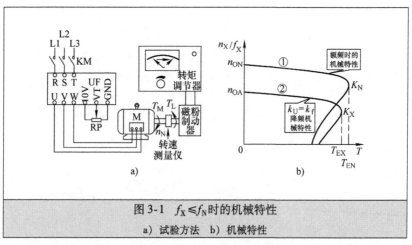

图 3-1 $f_X \leqslant f_N$ 时的机械特性

a) 试验方法 b) 机械特性

1) 电动机侧 电动机 M 由变频器 UF 提供三相变频电源。

2）负载侧　由转矩可调的磁粉制动器作为电动机的负载，磁粉制动器制动转矩的大小由转矩调节器进行调节。与此同时，由转速测量仪测量电动机轴上的转速。

3）试验方法　首先，变频器输出额定频率通过转矩调节器由小加大调节制动器的阻转矩，每调节一次，同时读取阻转矩和转速的值，从而得到如图 3-1b 中的曲线①所示的机械特性；其次，将变频器的输出频率下降至某一数值，按上述方法试验，并得到如曲线②所示的机械特性。

2. 结论

在电压和频率成正比（$k_U = k_f$）的情况下，变频后，电动机的机械特性的主要特点如下：

1）同步转速 n_0 随频率的下降而下降。

2）临界转速 n_K 也下降，但临界转差基本不变。

3）临界转矩 T_K 随频率的下降而有所减小。这说明带载能力下降了。

4）机械特性基本平行，即机械特性的"硬度"不变。

3.1.2　能力下降问磁通

1. 基本分析

转子带负载的能力下降，说明转子得到的能量减少了，转子的能量是由磁通传递而得。所以转子带载能力下降的原因，一定是磁通减少的结果。

2. 解析

第 2 章的式（2-2）表明，当频率 f_X 下降时，变频器的输出电压 U_{1X} 要随 f_X 一起下降，而电动机的阻抗压降 ΔU_1 基本不变，结果为

$$|\dot{U}_{1X} - \Delta \dot{U}_1| < E_{1X}$$

从而

$$\Phi_1 = \frac{|\dot{U}_{1X} - \dot{U}_1|}{f_X} < \frac{E_{1X}}{f_X}$$

保持磁通 Φ 不变的准确条件将得不到满足。磁通小了，电动机

的带负载能力也随之减小。

3.2 V/F 方式补磁通

工频运行时，电压已经是额定值了，磁通是不能增减的。但在低频运行时，电压要随频率下降，这就使电压的大小有了变化的空间。而电压的大小，又直接影响到磁通。所谓"V/F 控制方式"，就是通过适当增加电压，使磁通得到补偿。

3.2.1 增磁途径唯电压

1. 加大电压补磁通

1）基本想法　如果在低频运行时，变频器的输出电压（即电动机的输入电压）适当增加一点补偿量 Δu，使

$$U'_{1X} = U_{1X} + \Delta u \tag{3-1}$$

式中　U_{1X}——$k_U = k_f$ 时，与 f_X 对应的电压（V）；

　　　U'_{1X}—— 与 f_X 对应的补偿后的电压（V）；

　　　Δu——频率为 f_X 时的补偿量（V）。

补偿后的 U/f 线如图 3-2a 中之曲线②所示。由图知，适当补偿电压后，加大了 U/f 比，也就加大了反电动势与频率之比。

如果电压的补偿量 Δu 恰到好处，则可使反电动势与频率之比与额定状态时相等：

$$\frac{E'_{1X}}{f_X} = \frac{E_{1N}}{f_N} \tag{3-2}$$

式中　E'_{1X}—— 与 f_X 对应的经电压补偿后的电动势（V）。

经过补偿后的磁通量能够达到额定磁通的水平，电动机的转矩得到了补偿（提升），如图 3-2b 中之曲线②所示。

2）实施过程　变频器的中央处理器（CPU）在接到电压补偿的信息后，立即根据用户预置的转矩提升量，提高调制电压的振幅值，重新计算脉冲序列上升沿和下降沿的时刻，变频器的输出电压就从图 3-2c 所示的脉冲序列转变为图 3-2d 所示的脉冲序列。

这种在低频时，通过适当补偿电压达到提升转矩的方法称为电压补偿，也称为转矩提升。这种控制方式称为 V/F 控制方式。

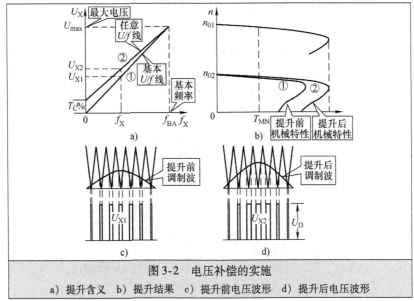

图 3-2 电压补偿的实施

a) 提升含义 b) 提升结果 c) 提升前电压波形 d) 提升后电压波形

在各种变频器中，都有所谓"V/F 控制"功能。其实质就是通过调整转矩提升量来改善电动机机械特性的相关功能。

2. U/f 线的类型

在变频器中，为便于用户调整电动机的调速性能，设置了各种类型的 U/f 线，供用户选择。主要是两种类型：

1）恒转矩类　称为直线型，如图 3-3a 中之曲线①所示，大多数生产机械都选择这种类型。

2）二次方类　如图 3-3a 中之曲线②所示，只有离心式风机、水泵和压缩机等选择这种类型。因为离心式机械属于二次方律负载，低速时，负载的阻转矩很小，低频运行时非但不需要补偿，并且还应该比 $k_U = k_f$ 时的电压更低一些，电动机的磁通可以比额定磁通小，故也称为低励磁 U/f 线。

3. 转矩提升量

通常用 0Hz 时的电压提升量 U_C 与额定电压之比的百分数表示：

$$U_C\% = \frac{U_C}{U_N} \times 100\% \tag{3-3}$$

式中　　$U_C\%$——转矩提升量；

　　　　U_C——电压补偿量（V）。

　　一般说来，频率较高时，电动机临界转矩的变化不大，可以不必补偿。所以有的变频器还设置了一个截止频率 f_t，即电压只需补偿到 f_t 为止。因此，经转矩提升后的 U/f 线如图 3-3b 中的曲线③所示。

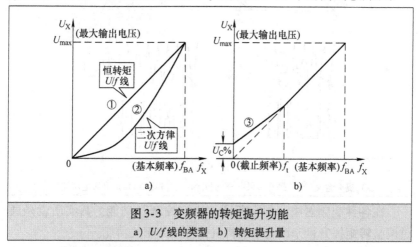

图 3-3　变频器的转矩提升功能

a) U/f 线的类型　b) 转矩提升量

4. 恰到好处难寻觅

　　电动机能否长时间稳定运行的关键，在于电动机的运行电流是否超过额定值。因此，转矩提升量预置是否恰到好处，需要由电流的变化情况来判定。

　　1）磁通等于额定值　假设转矩提升量预置恰到好处，则电动机运行在某一频率 f_A 时，电压等于 U_A，电流等于 I_A，这时电动机的磁通正好等于额定磁通 Φ_N，如图 3-4a 的 A 点所示。

　　2）转矩提升量不足　则电动机运行在频率 f_A 时，电压偏低，等于 U_{A1}。这时磁通必减小，根据第 1 章中的式（1-17），在负载的阻转矩不变的情况下，为了带动负载继续运行，转子电流必增大，又由式（1-14），定子电流将增大为 I_{1A1}，工作点移至 A_1 点。可见转矩提升量不足，将因为磁通减小而使定、转子电流增加。

　　3）转矩提升量过大则电动机运行在频率 f_A 时，电压偏高，等于 U_{A2}。这时磁通必增加，磁路饱和，则励磁电流发生畸变，有效值增大，根据式（1-14），定子电流也要增大，如图 3-4a 中之 I_{1A2}，工作点移到 A_2 点。可见转矩提升量过大，也将可能因磁路饱和而使电流增加。

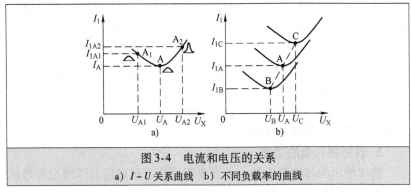

图 3-4 电流和电压的关系

a）$I-U$ 关系曲线 b）不同负载率的曲线

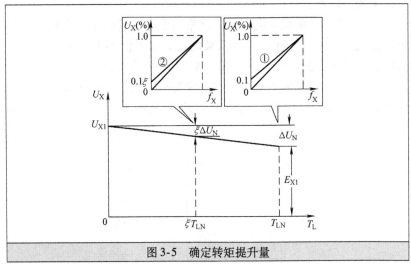

图 3-5 确定转矩提升量

4）结论 电动机的定子电流和电压的关系是一条 U 形曲线，存在着一个最佳工作点。负载的阻转矩改变，电流必随之改变，最佳工作点也必移动，如图 3-4b 所示。负载减轻时，最佳工作点移至 B 点；负载增加时，最佳工作点移至 C 点。作为用户，要找到恰到好处的最佳工作点是很困难的，甚至是不可能的。确定转矩提升量如图 3-5 所示。有的变频器具有自动搜索最佳工作点的功能，但价格较贵。

3.2.2 转矩提升的预置

1. 转矩提升量的初定

有关资料表明，当负载为额定负载 T_{LN}（电动机负载率 $\xi =$ 100%）时，电动机的阻抗压降为 ΔU_N，转矩提升量的最大值应为 $U_C\% = 10\%$。

负载较轻（$\xi < 100\%$）时，阻抗压降减小为 $\xi \cdot \Delta U_N$，转矩提升量也应相应地减小为

$$U_C\% = 10\%$$

式中　$U_C\%$——转矩提升量。

2. 转矩提升量的调整

初步设定的转矩提升量，还需要根据生产机械的具体情况进行调整。主要原因有：

1）许多生产机械在设计时，常常对电动机的容量留有裕量。如负载已经是最大了，但对电动机来说，负载率仍小于 1（$\xi_{max} < 1$）。因此，应根据实测的最大负载率来修正转矩提升量。

2）部分生产机械可能有一些特殊要求。例如，有的机械要求有较大的起动转矩，对此，也应适当地加大转矩提升量，如图 3-6 所示。

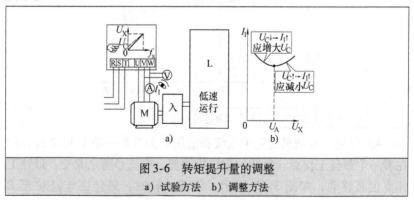

图 3-6　转矩提升量的调整
a）试验方法　b）调整方法

3.3　矢量控制定磁通

矢量控制方式的基本思想是仿照直流电动机，使主磁通保持不

变，从而得到很好的机械特性。

3.3.1　矢量控制仿直流

直流电动机的调速性能被公认是十分优秀的，所以人们就致力于分析直流电动机调速性能优秀的原因，进而研究如何使异步电动机的变频调速也能够具有和直流电动机类似的特点，从而改善其调速性能，这就是矢量控制的基本指导思想。

1. 直流电动机的特点

1）磁通特点　直流电动机中有两个磁通：

① 主磁通　由定子的主磁极产生，用 Φ_0 表示。主磁极上有励磁绕组，绕组中通有励磁电流 I_0。一般情况下，励磁电流的大小是不变的，从而使磁通大小得到了保证。

② 电枢磁通　由转子绕组中的电枢电流 I_A 产生，用 Φ_A 表示。

主磁通和电枢磁通在空间是互相垂直的，如图 3-7a 所示。

2）电路特点　励磁绕组的电路和电枢电路是互相独立的，如图 3-7b 所示。

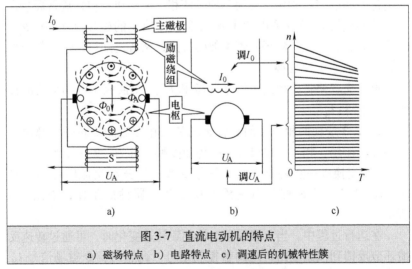

图 3-7　直流电动机的特点
a) 磁场特点　b) 电路特点　c) 调速后的机械特性簇

3）调速特点　在这两个互相垂直而独立的磁场中，只需调节其中之一即可进行调速，两者互不干扰，调速后的机械特性如图 3-7c

所示。

2. 矢量控制的基本考虑

在计算机技术飞速发展的今天，许多难以想象的复杂运算都能得到很好的解决。

1）分解给定信号　仿照直流电动机的特点，当变频器得到频率给定信号后，首先由控制电路将给定信号分解成两个互相垂直的磁场信号，即励磁分量 Φ_M 和转矩分量 Φ_T，与之对应的控制信号分别为 i_M^* 和 i_T^*。在运行过程中，令励磁分量 Φ_M 保持不变，只改变转矩分量 Φ_T，从而模拟了直流电动机的基本特征。

2）直流旋转磁场　令两个直流磁场分量在空间旋转，形成虚拟的机械旋转磁场。特点为两者互相垂直，且互相独立，从而保持着和直流电动机类似的特点。

3. 两次变换

控制信号的最终控制目标是逆变电路中的 6 个逆变管。从两个在空间旋转的直流信号到控制 6 个逆变管的信号，需要经过两次变换。

1）直－交变换　凡是对称的多相交变电流的磁场合成的结果，一定是空间的旋转磁场。最简单的是两相（α 相和 β 相）旋转磁场。

两相旋转磁场也是由两个互相垂直且独立的磁场（Φ_α 和 Φ_β）所构成。和直流旋转磁场有着类似的特点，两者之间可以进行等效变换，称为"直－交变换"。

直－交变换将频率给定信号（i_M^* 和 i_T^*）变换成了两相交流的控制信号 i_α^* 和 i_β^*。

2）2/3 变换两相交流的旋转磁场和三相交流的旋转磁场都属于多相旋转磁场，相互间也可以进行等效变换，称为"2/3 变换"。

2/3 变换进一步将频率给定信号变换成了三相交流的控制信号 i_A^*、i_B^* 和 i_C^*。用来控制逆变桥中 6 个开关器件的工作，如图 3-8 所示。

在运行过程中，当负载发生波动导致转速变化时，可通过转速反馈环节反馈到控制电路，以调整控制信号。调整时，令磁场信号 i_M^* 不变，而只调整转矩信号 i_T^*，从而使异步电动机得到和直流电动机十分相似的机械特性。

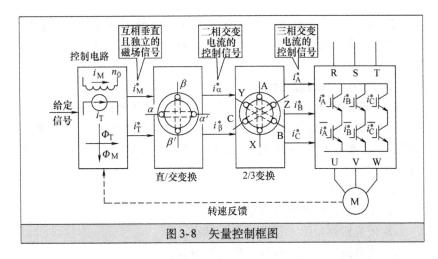

图 3-8 矢量控制框图

3.3.2 矢量控制的实施

如上述，要实施矢量控制，需要进行磁场之间的等效变换。而进行等效变换的依据是电动机的电磁参数。因此，在实施矢量控制方式时，应首先将电动机的有关参数"告诉"变频器。

1. 矢量变换需要的参数

1）电动机的铭牌数据 包括额定容量、额定电压、额定电流、额定频率、额定转速和磁极数等。对这些参数，用户只需根据电动机的铭牌输入变频器即可，如图 3-9a 所示。

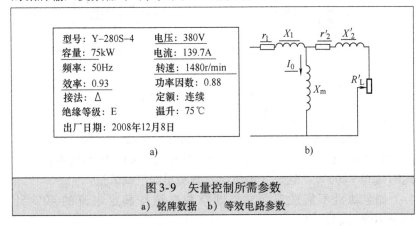

图 3-9 矢量控制所需参数

a）铭牌数据 b）等效电路参数

2）定、转子绕组的参数 包括定子每相绕组的电阻和漏磁电抗，转子每相等效绕组的电阻和漏磁电抗，空载电流等，如图3-9b所示。

2. 变频器的自测定功能

对于电动机绕组的各项参数，用户一般是得不到的，这给矢量控制技术的应用带来了困难。为此，近年的变频器都配置了"自测定功能"，能够自动地测定电动机绕组的有关参数。具体方法大致如下：

1）准备工作

① 输入电动机的额定数据。

② 使变频器处于"键盘操作"状态。

③ 将自测定功能预置为"自动"方式。

2）静止自测量 用手制住电动机的输出轴，使电动机处于堵转状态，如图3-10a所示。变频器输出额定电压的25%，按下RUN键，持续约1min。这是《电机学》教材里的短路试验（堵转试验）。

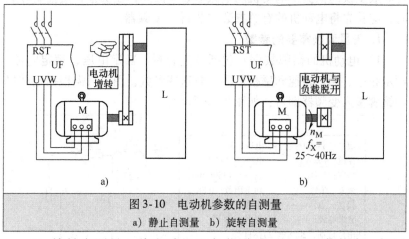

图3-10 电动机参数的自测量

a）静止自测量 b）旋转自测量

3）旋转自测量 将电动机和负载脱开，处于空载状态，如图3-10b所示。按下RUN键，让电动机空转约1min，转速约为额定转速的（50~80）%。这是《电机学》教材里的空载试验。

如电动机不能脱离负载，则空载电流按额定电流的40%计（$I_0 \approx 40\% I_{MN}$）。

由于翻译的原因，一些变频器的说明书中对自测定功能的称谓比较混乱，如"自动调谐""自学习"等。

3.3.3　矢量控制的转速反馈

现代变频器的矢量控制按照是否需要外部的转速反馈环节，分为有反馈矢量控制和无反馈矢量控制两种控制方式。

1. 有反馈矢量控制

转速反馈信号大多由旋转编码器测得，变频器常用的旋转编码器为二相原点输出型。输出信号分为 A 相和 B 相，两者在相位上互差 $90° ± 45°$，如图 3-11 所示，$\overline{A}$ 和 $\overline{B}$ 分别是 A 相和 B 相的"非"。每旋转一转，编码器输出的脉冲数可根据情况选择。Z 相为原点标记，其特点：每转一转，只输出 1 个相位固定的脉冲，作为原点的标志。

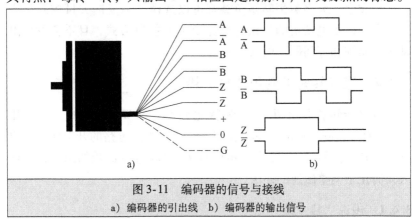

图 3-11　编码器的信号与接线

a) 编码器的引出线　b) 编码器的输出信号

有反馈矢量控制的转速反馈信号精度高，且十分迅速。因此，调速后的机械特性硬度好，动态响应也非常迅速，是比较理想的控制方式。

2. 无反馈矢量控制

无反馈矢量控制的"无反馈"是指不必安装专门的测速装置。实际上，通过输出侧的电压和电流等，也能推算出电动机的实际转速，并可作为转速反馈信号。

当然，计算所得转速的精度必然逊于编码器的测量结果；此外计算需要时间，所以其动态响应的能力也逊色于有反馈矢量控制。

但是，无反馈矢量控制因为不需要附加器件，使用方便。其机械特性也较硬，能够满足大多数生产机械的需要，如图 3-12b 所示。

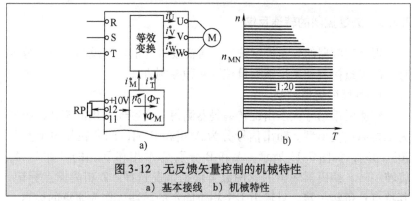

图 3-12 无反馈矢量控制的机械特性

a) 基本接线 b) 机械特性

事实上，大多数恒转矩负载都可以选择"无反馈矢量控制"方式。它非但使电动机的机械特性优于 V/F 控制方式，且不会发生电动机磁路饱和等问题，调试方便。

3.4 直接转矩控制用"棒－棒"

直接转矩控制不采用正弦脉宽调制（SPWM）方式，而采用"棒－棒"控制（bang－bang 控制）方式，逆变电路的开关状态取决于实测转矩信号 T_S^* 与给定转矩信号 T_G^* 之间进行比较的结果，从而大大简化了调整磁通的办法。

3.4.1 浅说"棒－棒"

"棒－棒"控制（Band－Band 控制）是一种通断交替的双位控制方式，因具有结构简单，响应速度快等优点，得到了较为广泛的应用。

为简便起见，我们通过单相逆变桥进行说明。

1. 逆变桥电路

图 3-13a 所示是一个单相逆变桥的电路。图中：

1）u_G^* 是给定信号，它对应于所要求的输出电压 U_G；

2）u_F^* 是反馈信号，它对应于实际的输出电压 U_F；

3）Δu^* 是 u_G^* 和 u_F^* 的比较结果，也是逆变桥的控制信号。

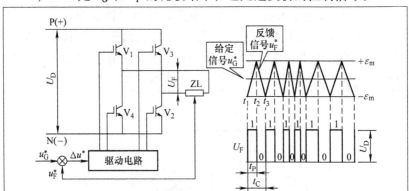

图 3-13 单相逆变桥的"棒－棒"控制
a）单相逆变桥电路 b）控制示意图

2. 电路的工作过程

如图 3-13b 所示：

在 t_1 瞬间，$u_F^* < u_G^* \rightarrow U_F$ 处于"1"状态，逆变桥有输出，$U_F = U_D \rightarrow$ 反馈信号 u_F^* 上升；在 t_2 瞬间，$u_F^* > u_G^* \rightarrow U_F$ 处于"0"状态，逆变桥没有输出，$U_F = 0 \rightarrow$ 反馈信号 u_F^* 下降。

如此周而复始就得到如图 3-13b 下部的脉冲序列。

在图 3-13b 上部：

1）反馈信号 u_F^* 上升和下降的斜率取决于负载的时间常数。

2）ε_m 是反馈信号的最大允许误差，称为容差。当 u_F^* 上升到正的最大容差时，逆变桥应进入"0"状态，使 u_F^* 下降；当 u_F^* 下降到负的最大容差时，逆变桥应进入"1"状态，使 u_F^* 上升。

3.4.2 直接转矩控制简介

直接转矩控制的计算，涉及本书未介绍的内容。如空间矢量的分析方法、利用定子磁场定向直接在定子坐标系下计算与控制电动机的转矩等。这里只定性地作一简单介绍。

1. 基本思想

变频器的负载是电动机，电动机所产生的电磁转矩 T_M 克服负载

的阻转矩 T_L 而带动负载，以一定的转速旋转。

在这个系统里，要求电动机的电磁转矩刚好能克服负载的阻转矩。因此，表明负载阻转矩大小的信号是我们所要求的给定信号 T_G^*；而实际测量所得的转矩信号作为转矩的反馈信号 T_F^*，如图3-14所示。两者比较后产生"棒–棒"控制的脉冲序列：

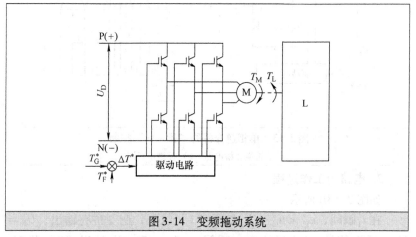

图3-14 变频拖动系统

1）$T_F^* > T_G^*$→脉冲处于"0"状态；

2）$T_F^* < T_G^*$→脉冲处于"1"状态。

2. 转矩基准信号的得出

所谓转矩的基准信号就是利用空间矢量的分析方法，直接在定子坐标系下计算出电动机的转矩，它省去了复杂的矢量变换，也没有通常的 SPWM 信号发生器。

3. 控制框图

如图 3-15 所示。

图中的转速调节器实际就是转速的 PID 调节器。由转速的给定信号和反馈信号之差，得到所要求的"棒–棒"控制信号。图中的 T_G^* 是转矩的基准信号。因此，T_G^* 是一个控制信号，T_F^* 是实测的转矩信号。

转矩的基准信号和实测信号相比较后，借助于离散的"棒–棒"控制产生 SPWM 信号，直接对逆变桥的开关状态进行最佳控制，以获得转矩的高动态性能。

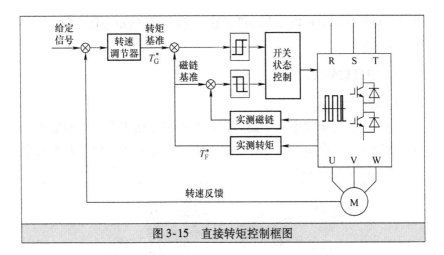

图 3-15 直接转矩控制框图

3.4.3 直接转矩控制的优缺点

1. 优点

1）不需要 SPWM 发生器，故结构简单。

2）只需要电动机的定子电阻一个参数，既易于测量，准确度也高。

3）不必进行如矢量控制那样的等效变换，故动态响应快，只需 1～5ms。

4）容易实现无速度传感器控制。

2. 缺点

1）输出电流的谐波分量较大，冲击电流也较大，逆变器输出端常常需要接入输出滤波器或输出电抗器。

2）逆变电路的开关频率不固定，电动机的电磁噪声较大。

3）频率很低时，运行状态不够理想。

3. 直接转矩控制的应用

一般认为直接转矩控制方式适用于对动态响应要求较高，但调速范围并不很广的拖动系统中，例如电动机车等。

3.5 变频调速的有效转矩线

电动机在不同频率下运行时，其带负载能力常常是并不恒定的。这就需要画出一个能够正常运行的区域，以便在负载所要求的转速范围内，对负载的阻转矩和电动机能够承担的有效转矩进行比较，判断能否正常运行。

3.5.1 有效转矩线的定义

1. 额定工作点

电动机在额定频率 f_N 下运行时，大家都习惯于有一个额定工作点，如图 3-16a 中曲线①上之 Q_N 点所示。在这一点，电动机的电磁转矩等于额定转矩 T_{MN}。

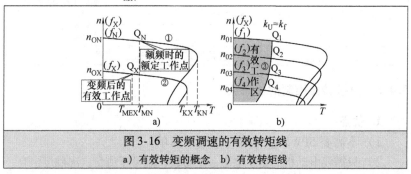

图 3-16 变频调速的有效转矩线

a）有效转矩的概念 b）有效转矩线

额定转矩 T_{MN} 的含义是电动机在额定频率工作时，允许长时间输出的最大转矩。如果负载转矩超过了 T_{MN}，电动机将处于过载状态。

2. 有效工作点

以工作频率低于额定频率为例，如不进行补偿，则临界转矩变小，其机械特性如曲线②所示。在这种情况下，允许长时间运行的最大转矩也必减小，如曲线②之 Q_X 点。与 Q_X 点对应的转矩 T_{MEX}，称为有效转矩。Q_X 点为有效工作点。

3. 有效转矩线

对应于每一个工作频率都有一条机械特性曲线。例如，在 $k_U = k_f$ 时，不同频率下的机械特性曲线簇如图 3-16b 所示。图中，Q_1、Q_2、Q_3、Q_4 点分别为不同频率下的有效转矩点。将这些点连接起来便得到有效转矩线 $T_{ME} = f(n)$，如曲线③所示。

4. 有效转矩线与工作点

有效转矩线是说明电动机允许工作范围的曲线，拖动系统的工作点不应该超过有效转矩线的范围，否则将导致电动机的过载。

必须注意：拖动系统的工作点不在有效转矩线上，而应该在有效转矩线的范围内。

3.5.2　$f_X \leqslant f_N$ 的有效转矩线

根据电动机的散热和功能预置等特点，大致有以下几种情形。

1. 有效转矩不减小

变频器预置为矢量控制，或直接转矩控制，或转矩提升恰到好处，电动机在不同频率下的临界转矩能够达到额定值。除此以外，电动机在低频运行时的散热又足够好，则有效转矩线具有恒转矩的特点，如图3-17中之曲线①所示。这只有变频电动机才能实现。

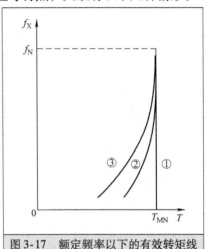

图 3-17　额定频率以下的有效转矩线

2. 低频时有效转矩减小

低频时有效转矩减小的原因有两种情形：

1）变频器预置为矢量控制，或直接转矩控制，或转矩提升恰到好处，则电动机在不同频率下的临界转矩能够达到额定值。但如为普通电动机，主要靠转子的扇叶进行通风散热。转速越低，风量越小，散热也就越差。所以低频时的有效转矩较小，其有效转矩线如图3-17中之曲线②所示。

2）普通电动机未预置矢量控制和直接转矩控制，转矩提升又预置偏低，则低频运行时的临界转矩将减小，有效转矩线如曲线③所示。

3.5.3　$f_X > f_N$ 的有效转矩线

1. $f_X > f_N$ 时的工作特点

1）输出电压不变　因为变频器的输出电压不可能超过电源电压，所以当 $f_X > f_N$ 时，其输出电压不可能和频率一起上升，而只能保持恒值：

$$U_{1X} \equiv U_S$$

式中　U_{1X}——频率为f_X（$>f_N$）时的输出线电压（V）；

　　　U_S——电源线电压（V）。

变频器的输出电压如图3-18a中之曲线③所示。

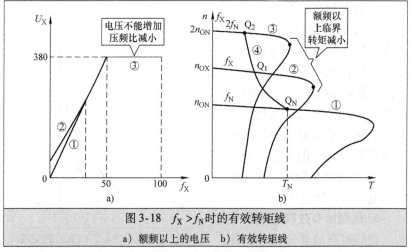

图3-18　$f_X > f_N$时的有效转矩线

a）额频以上的电压　b）有效转矩线

2）主磁通减小　由于$U_{1X} \equiv U_S$，反电动势E_{1X}的大小也基本不变。所以当$f_X > f_N$时，随着f_X的上升，U/f比和E/f比都下降，主磁通Φ_1也必减小，从而临界转矩也减小，如图3-18b中之曲线①、②、③所示。

3）允许电流不变　电动机的额定电流是由电动机的允许温升决定的，所以不管在多大的频率下工作，电动机允许的最大工作电流不变，都等于额定电流。

4）电动机的输入功率基本不变　因为电动机的输入电压和允许电流都不变，功率因数的变化不大，所以当频率f_X上升时，其最大输入功率的大小基本不变：

$$P_1 = \sqrt{3} U_{MN} I_{MN} \cos\varphi_1 \approx P_{MN} = \text{const}$$

式中　P_1——电动机的输入功率（kW）；

　　U_{MN}——电动机的额定电压（V）；

　　I_{MN}——电动机的额定电流（A）；

　　$\cos\varphi_1$——电动机的功率因数。

2. $f_X > f_N$ 时的有效转矩线

由上所述，最大输入功率既然不变，如假设电动机的效率不变，则电动机的输出功率也基本不变。

所以，在额定频率以上的有效转矩线具有恒功率的特点。即有效转矩的大小与转速成反比：

$$T_{MEX} = \frac{9550 P_{MN}}{n_{MX}} \propto \frac{1}{n_{MX}}$$

(3-4)

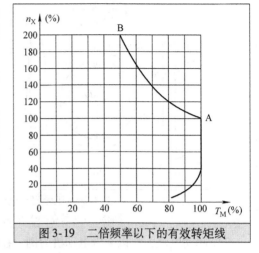

图 3-19　二倍频率以下的有效转矩线

式中　T_{MEX}——频率为 f_X（$> f_N$）时的有效转矩（N·m）；

　　　n_{MX}——频率为 f_X（$> f_N$）时的转速（r/min）。

其有效转矩线如图 3-18b 中之曲线④所示。

二倍频率以下的完整有效转矩线如图 3-19 所示。

3.6　变频调速的起动与加速

众所周知，异步电动机的起动电流很大，对拖动系统有很大的冲击力，甚至对电网形成干扰。为此，人们在减小起动电流，减缓起动过程方面想了许多办法，如 Y – △起动、自耦变压器起动等。非但附加设备笨重，效果也不尽如人意。变频调速则比较理想地解决了异步电动机的起动问题。

3.6.1　异步电动机的起动

1. 工频起动

1）起动方法　就将电动机与工频电源直接相接，如图 3-20a 所示。

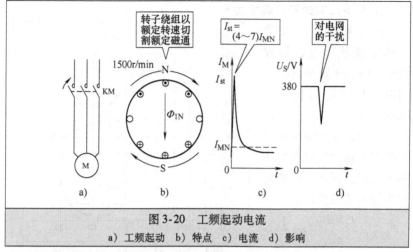

图3-20 工频起动电流

a) 工频起动 b) 特点 c) 电流 d) 影响

2）起动电流大 以4极电动机为例，在接通电源瞬间，同步转速高达1500r/min，转子绕组与旋转磁场的相对速度很高，如图3-20b所示。从而转子的感应电动势和电流都很大，反映到定子侧可使定子电流达到额定电流的（4~7）倍，如图3-20c所示。

3）电网受干扰 由于起动过程很短，故起动电流并不足以使电动机因发热而烧毁。但大容量电动机的起动电流可能使电网电压瞬间下降，形成干扰，如图3-20d所示。

4）起动过程 电动机在起动过程中，电磁转矩 T_M 必大于负载转矩 T_L，才能保证转速不断地上升：

$$T_M > T_L \rightarrow n \uparrow$$

这里，电磁转矩与负载转矩之差，称为动态转矩：

$$T_J = T_M - T_L \tag{3-5}$$

式中 T_J——动态转矩（N·m）。

动态转矩与转速之间的关系：

$T_J > 0 \rightarrow n \uparrow$

$T_J < 0 \rightarrow n \downarrow$

$T_J = 0 \rightarrow n$ 不变

异步电动机在起动过程中的动态转矩如图2-21a所示。图中，曲线①是电动机的机械特性，曲线②是负载的机械特性。由图知，在工

频起动过程中，动态转矩是很大的，所以起动过程十分短暂，常不足
1s。这将导致生产机械的各部件在起动过程中受到很大的机械冲击，
各传动轴受到较大的剪切力，使生产机械的使用寿命受到影响。

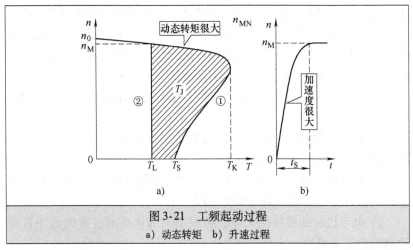

图 3-21 工频起动过程

a）动态转矩 b）升速过程

此外，转速上升太快，对于某些负载来说，将产生严重后果
（如水泵在供水时可能产生水锤效应等）。

2. 变频起动

1）起动方法 变频器通电后，由继电器 KA 将 FWD 和 COM 之
间接通，如图 3-22a 所示，电动机即按预置的加速时间从"起动频率"

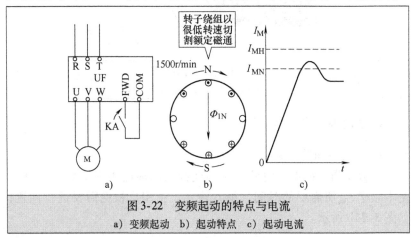

图 3-22 变频起动的特点与电流

a）变频起动 b）起动特点 c）起动电流

开始起动。

2）起动电流 仍以4极电动机为例，假设在接通电源瞬间，将起动频率预置为5Hz，则同步转速只有150r/min，转子绕组与旋转磁场的相对速度只有工频起动时的十分之一。转子绕组切割磁力线的速度较慢，如图3-22b所示，故起动电流不大。如果在整个起动过程中，使同步转速与转子转速间的转差限制在一定范围内，则起动电流也将限制在电动机允许的范围内，如图3-22c所示。

3）起动过程 变频起动过程中，电动机的机械特性曲线簇如图3-23a所示。由图可知：

① 在整个起动过程中的动态转矩很小，故升速过程将能保持平稳，减小了对生产机械的冲击。

② 转速的上升过程取决于用户预置的"加速时间"，用户可根据生产工艺的实际需要来决定加速过程。

③ 电动机起动转矩的大小，可根据实际需要通过准确地预置变频器的功能来调整。

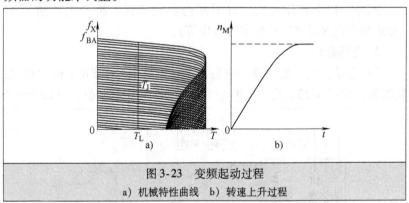

图3-23　变频起动过程
a）机械特性曲线　b）转速上升过程

3.6.2　加速时间与起动电流

1. 加速时间的定义

多数变频器将加速时间定义为变频器的输出频率从0Hz上升到基本频率f_{BA}所需要的时间，用t_A表示，由用户根据需要进行预置，如图3-24b所示。

也有的变频器定义为变频器的输出频率从 0Hz 上升到最高频率 $f_{\max}$ 所需要的时间，须注意阅读说明书。

2. 加速时间对起动电流的影响

1）加速时间长　意味着频率上升较慢，则旋转磁场的转速也缓慢上升，如图 3-25a 所示，电

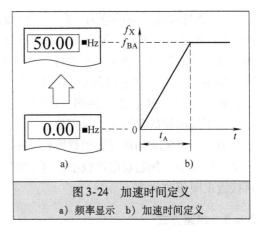

图 3-24　加速时间定义

a）频率显示　b）加速时间定义

动机转子的转速跟得上同步转速的上升，在起动过程中能够保持较小的转差，如图 3-25b 所示。从而起动电流也较小，如图 3-25c 所示。

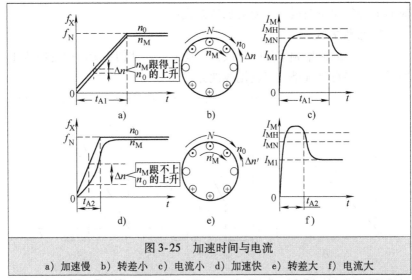

图 3-25　加速时间与电流

a）加速慢　b）转差小　c）电流小　d）加速快　e）转差大　f）电流大

2）加速时间短　意味着频率上升较快，旋转磁场的转速也迅速上升，如图 3-25d 所示。如拖动系统的惯性较大，则电动机转子的转速将跟不上同步转速的上升，使转差增大，如图 3-25e 所示。结果是加速电流增大，甚至有可能因超过上限值 I_{MH} 而跳闸，如图 3-25f 所示。

3）预置加速时间的原则 在生产机械的工作过程中，加速过程（或起动过程）属于从一种运行状态转换到另一种运行状态的过渡过程，在这段时间内，通常是不进行生产活动的。因此，从提高劳动生产率的角度出发，加速时间应越短越好。但如上述，如加速时间过短，容易引起"过电流"跳闸。所以，预置加速时间的基本原则，就是在不过电流的前提下，越短越好。

通常，可先将加速时间预置得长一些，观察拖动系统在起动过程中电流的大小，如起动电流较小，可逐渐缩短加速时间，直至起动电流接近上限值时为止。

3.6.3 加速方式

变频器根据各类生产机械对加速过程的不同要求，为用户提供了多种加速方式，供用户选择。加速方式的含义是变频器的输出频率随时间上升的关系曲线。主要的加速方式：

1. 线性方式

变频器的输出频率随时间成正比地上升，如图 3-26a 中的曲线①所示，大多数负载都可以选用线性方式。

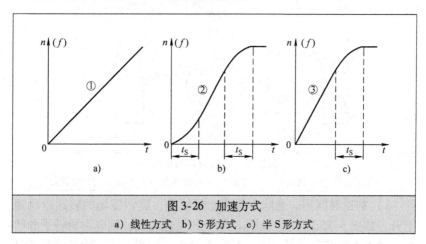

图 3-26 加速方式
a）线性方式 b）S形方式 c）半S形方式

2. S 形方式

在加速的起始和终了阶段，频率的上升较缓，加速过程呈 S 形，如图 3-26b 中的曲线②所示。例如，电梯在开始起动以及转入等速运行时，从考虑乘客的舒适度出发，应减缓速度的变化，以采用 S 形加速方式为宜。

3. 半 S 形方式

在加速的初始阶段或终了阶段，按线性方式加速；而在终了阶段或初始阶段，按 S 形方式加速，如图 3-26c 中的曲线③所示。如风机一类具有较大惯性的二次方律负载中，由于低速时负载较轻，可按线性方式加速，以缩短加速过程；高速时负载较重，加速过程应减缓，以减小加速电流。

3.6.4　起动功能

不同的生产机械在刚起动时，具有不同的要求，变频器针对不同情况设置了不同的起动功能。

1. 起动频率

电动机开始起动时，并不从 0Hz 开始加速，而是直接从某一频率下开始加速。在开始加速瞬间，变频器的输出频率便是起动频率。设置起动频率是部分生产机械的实际需要，例如：

1）有些负载在静止状态下的静摩擦力较大，难以从 0Hz 开始起动，设置了起动频率后，可以在起动瞬间有一点冲力，使拖动系统容易起动起来。

2）在若干台水泵同时供水的系统里，由于管路内已经存在一定的水压，后起动的水泵在频率很低的情况下将难以旋转起来，故也需要电动机在一定频率下直接起动。

2. 暂停加速功能

以带式输送机为例，除了预置起动频率外，还需要预置一个起动频率的保持时间 t_S。这是因为传输带在静止时处于松弛状态，如图 3-27b所示，如果让起动频率 f_S 保持一个短时间 t_S，如图 3-27c 所示，使传送带以很低的速度伸直，这有利于延长传送带的寿命。

3. 起动前直流制动功能

有时电动机在开始起动时，其转速并不为 0。这时尽管在起动瞬间频率为 0，定子磁场处于静止状态，但因为电动机转子在旋转，其绕组因切割磁通而有电流，甚至可能导致过电流。

例如，风机的周围常常有自然风，在不开机的时候，叶片常常快速反转。结果起动电流较大，有时甚至一起动就跳闸。

为此，变频器专门设置了"起动前直流制动"功能，起动前向电动机绕组里通入直流电流，使转子迅速停止，然后再起动。从而保证电动机在零速状态下起动，如图 3-28 所示。

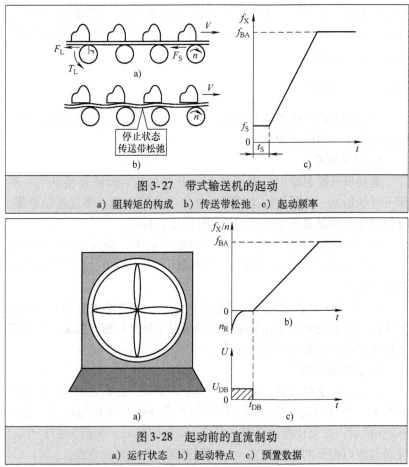

图 3-27　带式输送机的起动
a）阻转矩的构成　b）传送带松弛　c）起动频率

图 3-28　起动前的直流制动
a）运行状态　b）起动特点　c）预置数据

3.7　变频调速的减速与制动

变频调速系统在减速时，非但能缩短电动机的减速时间，还能使减速过程平缓。与此同时，频率下降时，电动机将处于发电状态（再生制动状态）。于是引发了许多独特的现象和采取了一些必要的措施。

3.7.1　电动机的自由停机

1. 自由停机的实施

异步电动机只要切断电源，就可停机，称为自由制动。自由制动存在两个问题：一是不能迅速停住；二是运行状态的动能不能利用，如图 3-29a 所示。

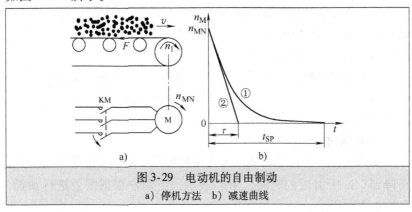

图 3-29　电动机的自由制动

a）停机方法　b）减速曲线

2. 停机过程

在电动机的自由停机状态，其减速过程如图 3-29b 中之曲线①所示，从全速运行到完全停住所需时间的长短 t_{SP}，取决于拖动系统的惯性。

曲线①的切线（曲线②）与横坐标的交点所对应的时间 τ 称为减速时间常数。其物理意义是如果生产机械没有惯性时，停机所需要的时间。一般情况下，τ 的大小等于停机时间的 $1/5 \sim 1/3$：

$$\tau \approx \frac{t_{SP}}{5} \sim \frac{t_{SP}}{3} \tag{3-6}$$

式中　τ——减速时间常数（s）；

　　　t_{SP}——自由停机时间（s）。

在做粗略计算时，可以按 $\tau \approx t_{SP}/3$ 来估算。

3.7.2 电动机的变频停机

1. 停机方法

断开变频器的 FWD 端子与 COM 端子之间的连接，电动机将按预置的"减速时间"逐渐减速并停止，如图 3-30a 所示。

2. 停机过程

由于变频器的输出频率是从工作频率 f_{X1} 按预置的"减速时间"逐渐下降为 0Hz 的。所以，电动机的转速也从运行转速 n_{M1} 逐渐下降为 0，如图 3-30b 所示。

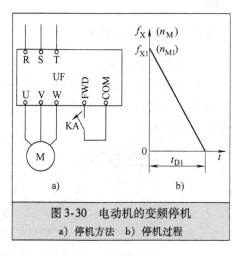

图 3-30　电动机的变频停机
a) 停机方法　b) 停机过程

3. 减速时间

多数变频器将减速时间定义为变频器的输出频率从基本频率 f_{BA} 下降到 0Hz 所需要的时间，用 t_D 表示，由用户根据需要进行预置，如图 3-30b 所示。

也有的变频器定义为变频器的输出频率从最高频率 f_{max} 下降到 0Hz 所需要的时间，须注意阅读说明书。

3.7.3 降频时电动机的状态

1. 电动机状态的回顾

1）正常运行状态　假设电动机正在运行的工作频率为 50Hz，电动机转速为 1480r/min。这时，转子绕组以转差 $\Delta n = 20r/min$ 反方向切割旋转磁场，转子电流和转子绕组所受电磁力 F_M 的方向如图3-31a 所示。由图知，由 F_M 构成的电磁转矩 T_M 的方向是和磁场的旋转方向相同的，从而带动转子旋转。

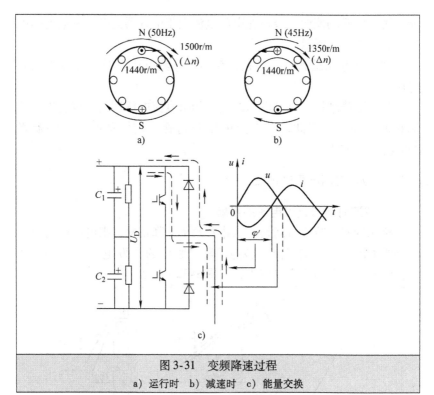

图 3-31　变频降速过程
a）运行时　b）减速时　c）能量交换

2）频率下降时的状态　假设将频率下降为 48Hz，在频率刚下降的瞬间，由于惯性原因，转子的转速仍为 1480r/min，但旋转磁场的转速却已经下降为 1440r/min 了。转子转速超过了磁场的转速，转子绕组以转差 $\Delta n = 40$r/min 正方向切割旋转磁场，转子电动势和电流等都与原来相反，电动机变成了发电机。所产生的电磁转矩是与电动机旋转方向相反的制动转矩，电动机处于再生制动状态，如图 3-31b 所示。

从能量平衡的观点看，则减速过程是拖动系统释放动能的过程，所释放的动能转换成了再生电能。

2. 逆变桥的工况

如第 1 章 1.4 节所述，异步电动机在发电机状态时，电流比电压滞后的电角度大于 π/2（90°），电动机的磁场与滤波电容器之间交换能量时，由磁场能向电容器充电的电流大于电容器向电动机放电的电流，如图 3-31c 所示。

结果是电容器上的电荷越积越多，直流电压上升，称为"泵升电压"。

频率下降越快，泵升电压越高。如果直流电压过高，将会损坏整流和逆变模块。因此，当直流电压升高到一定限值时，变频器将"过电压"跳闸。

3.7.4 减速时间与泵升电压

1. 减速时间对直流电压的影响

毫无疑问，减速时间长，意味着频率下降较慢，则电动机的转速能够跟上同步转速的下降，转速下降过程中的"发电量"较小，从而直流电压上升的幅度也较小，如图 3-32b 所示。

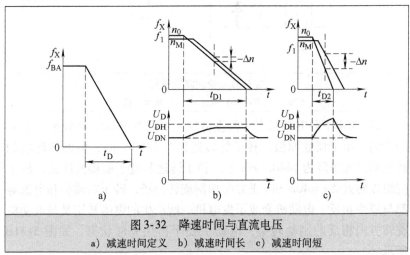

图 3-32　降速时间与直流电压
a）减速时间定义　b）减速时间长　c）减速时间短

反之，减速时间短，意味着频率下降较快，如拖动系统的惯性较大，则电动机转子的转速将跟不上同步转速的下降，电动机的发电量较大，泵升电压也大，导致直流电压偏高，有可能因超过上限值而跳闸，如图 3-32c 所示。

2. 预置减速时间的原则

与加速过程一样，在生产机械的工作过程中，减速过程（或停机过程）也属于从一种状态转换到另一种状态的非生产过程，从提高生产率的角度出发，减速时间也应越短越好。但如上所述，减速时间过短，容易导致"过电压"跳闸。所以，预置减速时间的基本原则就是在不过电压的前提下，越短越好。

通常，可先将减速时间预置得长一些，观察拖动系统在停机过程中直流电压的大小，如直流电压较小，可逐渐缩短降速时间，直至直流电压接近上限值时为止。

3.7.5　直流制动

有的负载在停机后，常常因为惯性较大而停不住，有"蠕动"现象。这对于某些机械是不允许的。例如龙门刨床的刨台，"蠕动"的结果将有可能使刨台滑出台面，造成十分危险的后果。为了消除蠕动现象，变频器设置了直流制动功能。

1. 异步电动机的能耗制动

如果向定子绕组内通入直流电流，如图 3-33a 所示，则定子绕组产生的磁场将是空间位置不动的固定磁场，如图 3-33b 所示。尚未停住的电动机转子将正方向切割固定磁场，转子绕组中产生很大的感应电动势和电流，进而产生很强烈的制动力和制动转矩，使拖动系统快速停住，如图 3-33b 所示。

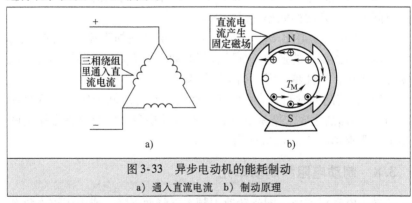

图 3-33　异步电动机的能耗制动

a) 通入直流电流　b) 制动原理

转子停住后，定子的直流磁场对转子铁心还有一定的"吸住"作用，从而有效地克服了机械的蠕动。

2. 变频器的直流制动功能

变频器可以实现异步电动机的能耗制动，通常称为直流制动。当进行直流制动时，变频器将关掉 4 个逆变管，电流的通路如图 3-34a 所示。这时变频器需要预置的功能如图 3-34b 所示。

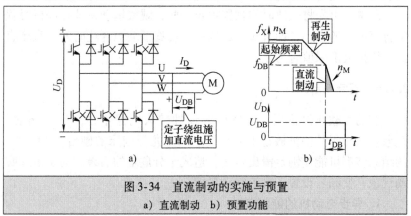

图 3-34 直流制动的实施与预置
a）直流制动 b）预置功能

1）直流制动起始频率 f_{DB} 通常直流制动都是和再生制动配合使用的。即首先由再生制动将电动机的转速降至较低转速，然后再加入直流制动，使电动机迅速停住。从再生制动转为直流制动的频率即为直流制动的起始频率 f_{DB}。

预置起始频率 f_{DB} 的主要依据是负载对制动时间的要求，要求制动时间越短，则起始频率 f_{DB} 应越高。

2）直流制动电压 U_{DB} 即在定子绕组上施加直流电压的大小，它决定了直流制动的强度。预置直流制动电压 U_{DB} 的主要依据是负载惯性的大小，惯性越大者，U_{DB} 也应越大。

3）直流制动时间 t_{DB} 即施加直流制动的时间长短。预置直流制动时间 t_{DB} 的主要依据是负载是否有蠕动现象，以及对克服蠕动的要求，要求越高者，t_{DB} 应适当长一些。

3.8 制动电阻和制动单元

异步电动机或由于同步转速因频率下降而下降，或由于重力负载的带动，使转子转速超过同步转速，而处于再生制动状态，产生泵升电压导致直流回路电压升高。为了防止直流电压超过允许限值，必要时应在直流回路内接入制动电阻 R_B 和制动单元 BV。

3.8.1 制动电阻和制动单元的作用

1. 制动电阻的作用

直流电压过高的原因是因为滤波电容器上储存的电荷太多。如果在电路中接入一个放电电阻，如图 3-35a 中之 R_B 所示，使滤波电容器上多余的电荷很快地泄放掉，则直流电压将很快下降。

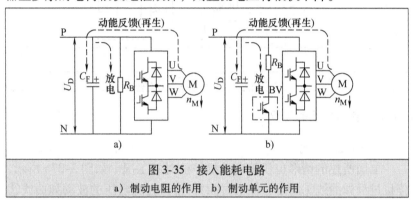

图 3-35 接入能耗电路

a) 制动电阻的作用 b) 制动单元的作用

2. 制动单元的作用

如果滤波电容器上多余的电荷很快地泄放掉以后，制动电阻仍接在电路中，则制动电阻必将消耗电源的能量。所以制动电阻不应该长时间接在电路中。为此又接入制动单元 BV，如图 3-35b 所示。BV 的作用是当直流电压接近或超过上限值 U_{DH} 时，令 BV 导通，以便将直流回路多余的电能通过制动电阻和制动单元泄放掉。而当直流电压低于上限值 U_{DH} 时，令 BV 断开，使制动电阻不再消耗电能，即

$U_D > U_{DH}$→BV 导通；

$U_D < U_{DH}$→BV 截止。

3. 制动单元的结构框图

如图 3-36 所示，U_A 是与电压上限值 U_{DH}（700V）对应的基准电压；U_S 是采样电压，实际是直流电压 U_D 的分压，其大小与 U_D 成正比。将 U_S 和 U_A 通过比较器进行比较后工作如下：

$U_D > U_{DH}$→$U_S > U_A$→比较器输出为"＋"→驱动电路输出为

"+"→BV 导通；$U_D < U_{DH}$→$U_S < U_A$→比较器输出为"−"→驱动电路输出为"−"→BV 截止。

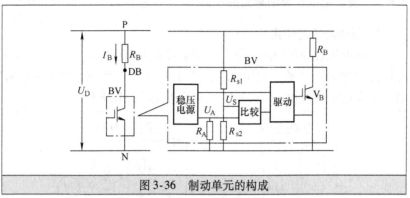

图 3-36 制动单元的构成

3.8.2 制动单元的工况

1. 停机的工况

上面所述的情形也就是电动机停机时的工况。如图 3-37a 所示，停机过程如曲线①所示，停机时间为 t_{D1}；直流电压的波动如曲线②所示，电压超过上限值的部分如曲线②的阴影部分，制动单元的工作时间如 t_{d1} 和 t_{d2} 所示。

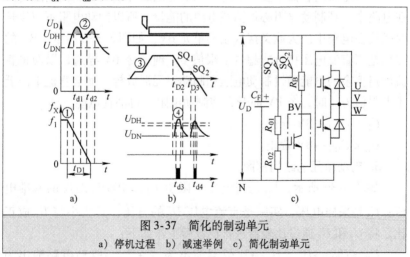

图 3-37 简化的制动单元

a) 停机过程 b) 减速举例 c) 简化制动单元

2. 减速工况举例

在生产机械的程序控制中，从一个工序减速为另一工序的过程，所需时间常常是很短的。以龙门刨床为例，其刨削过程中的速度变化如图中之曲线③所示。当刨台的档块通过接近开关 SQ_1 时，刨台减速，减速过程的时间为 t_{D2}，当刨台的档块通过接近开关 SQ_2 时，刨台开始反向前的减速，减速过程的时间为 t_{D3}。

在这里，刨床每刨削一刀的总时间也不到 1min，每次减速的时间只有若干毫秒。在这么短的时间里，完全没有必要由制动单元进行比较后再执行，而可以由减速指令直接接通 IGBT 电路，如图 3-38c 所示。在这种情况下，没有必要购买专门的制动单元，只需用一个 IGBT 即可。

3. 用接触器代替制动单元

上述简化办法虽然简单，但单个的 IGBT 比较难买，或一时难以找到。这时可用接触器的 3 个主触点串联来代替制动单元，如图 3-38 所示。

将 3 个主触点串联起来的原因如下：

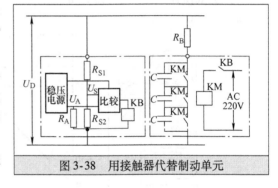

图 3-38　用接触器代替制动单元

1）耐压考虑　用于 380V 电路里的交流接触器主触点的耐压通常是 500V，而直流回路的电压可以高达 700V 或更高，所以必须 3 对触点串联。

2）灭弧考虑　交流接触器和直流接触器的一个重要区别就是灭弧系统很不一样，交流接触器的灭弧功能要差得多，用三对触点串联，3 个地方同时断开，有利于灭弧。实践证明，如果每对触点都并联一个电容器，火花会减轻很多。

因为采样电压和基准电压的比较只能在低压电路中实现，它只能控制低压继电器 KB，再由 KB 的触点控制接触器的线圈。

3.9　频率的限制功能

生产机械在无级调速过程中，对于转速常常需要进行一些限制。速度太高了不行，太低了也不行，有时还会在某一转速下发生振动等。变频器可以通过功能预置，事先对输出频率进行限制。

3.9.1　上限频率和下限频率

1. 上、下限频率的含义

上限频率和下限频率是根据生产工艺的要求设定的。以某搅拌机为例，生产工艺要求：

1）最高搅拌速度 $n_{LH} \leqslant 600 \text{r/min}$；

2）最低搅拌速度 $n_{LL} \geqslant 150 \text{r/min}$。

如图 3-39a 所示。

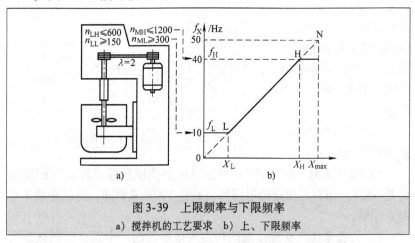

图 3-39　上限频率与下限频率

a）搅拌机的工艺要求　b）上、下限频率

如传动机构的传动比 $\lambda = 2$，则电动机的最高转速是 $n_{MH} \leqslant 1200 \text{r/min}$。如电动机是 4 极电动机（$p = 2$），则对应的上限频率 f_H 为

$$f_H = \frac{2 \times 1200}{60} = 40 \text{Hz}$$

电动机的最低转速是 $n_{ML} \geqslant 300 \text{r/min}$。对应的工作频率便是下限频率 f_L：

$$f_L = \frac{2 \times 300}{60} = 10Hz$$

如图 3-39b 所示。

2. 上限频率和最高频率的关系

1）上限频率不能超过最高频率：

$$f_H < f_{max}$$

如果用户希望增大上限频率，则首先应将最高频率预置得更高一些。

2）当上限频率小于最高频率（$f_H < f_{max}$）时，上限频率优先于最高频率，变频器的实际最大输出频率为上限频率。这是因为变频调速系统是为生产工艺服务的。所以生产工艺的要求具有最高优先权。

3）在部分变频器中，上限频率与最高频率并未分开，两者是合二为一的。

3. 下限频率与起始频率

1）电动机起动时，变频器的输出频率从 0Hz 开始上升；停机时，变频器的输出频率也能下降至 0Hz。

2）在运行过程中调节变频器的输出频率时，最低的工作频率为下限频率。

3.9.2　回避频率

1. 设置回避频率的目的

任何机械在运转过程中都会发生振动，振动的频率和转速有关。每台机器又都有各自的固有振荡频率，它取决于机械的质量和结构。如果生产机械运行在某一转速时，所引起的振动频率和机械的固有振荡频率相吻合的话，则机械的振动将因发生谐振而变得十分强烈，并可能导致损坏机械的严重后果。

设置回避频率 f_J 的目的，就是使拖动系统"回避"掉可能引起谐振的转速。

2. 回避频率的回避方式

如图 3-40a 所示，当给定信号从 0 逐渐增大至 U_{G1}，接近于 f_J 时，变频器的输出频率也从 0 逐渐增大至 f_{JL}；当给定信号从 U_{G1} 继续增大时，为了回避f_J，频率将不再增加；

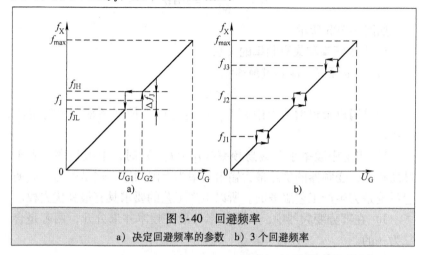

图 3-40 回避频率
a）决定回避频率的参数 b）3个回避频率

当给定信号增大到U_{G2}时，变频器的输出频率从f_{JL}跳变至f_{JH}；
当给定信号从U_{G2}继续增大时，频率也继续增加。

因为回避是通过频率跳跃的方式实现的，所以回避频率也称为跳跃频率。

3. 回避频率的预置

不同变频器对回避频率的设置略有差异，大致有以下两种：

1）预置需要回避的中心频率f_J和回避宽度Δf_J；

2）预置回避频率的上限f_{JH}与下限f_{JL}。

大多数变频器都可以预置3个回避频率，如图3-40b所示。

3.10 转矩、转速和功率的关系

有的用户在使用变频器时，常常不注意转矩、转速和功率之间的关系，出现一些错误想法。归根结底是不熟悉拖动系统的基本规律。

3.10.1 拖动系统的基本规律

1. 传动轴的计算公式

1）传动轴的传输功率

$$P = \frac{Tn}{9550} \quad (3\text{-}7)$$

式中　P——传动轴的传输功率（kW）；

　　　T——传动轴的转矩（N·m）；

　　　n——传动轴的转速（r/min）。

2）传动轴的转矩

$$T = \frac{9550P}{n} \quad (3\text{-}8)$$

2. 电动机的特点

1）额定转矩

$$T_{MN} = \frac{9550P_{MN}}{n_{MN}} \quad (3\text{-}9)$$

由式（3-9）知：容量相同，额定转速不同的电动机的额定转矩也不同。

例如，75kW 的 4 极电动机的额定转速是 1450r/min，则额定转矩为

$$T_{MN} = \frac{9550 \times 75}{1450} = 494\text{N} \cdot \text{m}$$

而 75kW 的 6 极电动机的额定转速是 960r/min，其额定转矩为

$$T_{MN} = \frac{9550 \times 75}{960} = 746\text{N} \cdot \text{m}$$

2）输出功率　电动机输出轴上的额定转矩是不变的，当转速下降时，其实际输出功率将减小。

3）额定频率以上的有效转矩　电动机在额定频率以上运行时，其有效转矩将减小。

3. 负载侧的特点

1）负载与电动机的转矩　电动机和负载之间如有减速器时，负载的阻转矩比电动机的电磁转矩大 λ 倍（λ 是减速器的减速比）。

2）负载功率　负载提速时，其消耗功率将增加。

3.10.2 误区 1——甩掉笨重的减速器

1. 误区实例

有人说，既然变频可以调速，原来笨重的减速器是否可以甩掉

了? 例如, 原来减速器的传动比 $\lambda = 5$, 去掉减速器后只需将电动机的工作频率下降为10Hz就可以了。

2. 错误原因分析

功率方面: 电动机在低频运行时, 其输出功率将随频率的下降而减小; 而负载所需的功率是不变的。

转矩方面: 减速器具有放大转矩的作用。即原来负载的阻转矩是比电动机的电磁转矩增大 λ 倍。

3. 数据示例

假设电动机数据为 $P_{MN} = 75kW$, $n_{MN} = 1480r/min$; 负载侧的数据为 $n_L = 296r/min$, $T_L = 2250N \cdot m$。

1) 从功率看　负载实际消耗的功率

$$P_L = \frac{T_L n_L}{9550} = \frac{2250 \times 296}{9550} = 70kW < P_{MN}$$

所以在额定频率下运行时, 是没有问题的, 如图 3-39a 所示。

但是, 当运行频率为 $f_X = 10Hz$ 时, 与此对应的转速为 $n_{MX} = 296r/min$。则电动机轴上输出的有效功率为

$$P_{MX} = \frac{T_{MN} n_{MX}}{9550} \tag{3-10}$$

式中　P_{MX}——频率为 f_X 时的有效功率（kW）;

　　　T_{MN}——电动机的额定转矩（N·m）;

　　　n_{MX}——频率为 f_X 时的电动机转速（r/min）。

当电动机的工作频率下降为10Hz（频率调节比为 $k_f = 0.2$）时, 忽略转差率的因素, 其有效功率将减小为

$$P_{MEX} = k_f P_{MN} = 0.2 \times 75 = 15kW \ll P_L$$

以 15kW 的电动机去带动 70kW 的负载, 显然是带不动的。

2) 从转矩看　电动机额定转矩的大小计算如下:

$$T_{MN} = \frac{9550 P_{MN}}{n_{MN}} = \frac{9550 \times 75}{1480} = 484N \cdot m$$

在有减速器的情况下, 负载转矩折算到电动机轴上的折算值为

$$T'_L = \frac{T_L}{\lambda} = \frac{2250}{5} = 450N \cdot m < T_{MN}$$

电动机能够带动负载运行。

当去掉减速器后，电动机将直接带动负载，这时

$$T_{\mathrm{MN}} = 484\mathrm{N} \cdot \mathrm{m} \ll T_{\mathrm{L}} = 2250\mathrm{N} \cdot \mathrm{m}$$

可见，去掉减速器后，电动机是带不动负载的，如图 3-41b 所示。

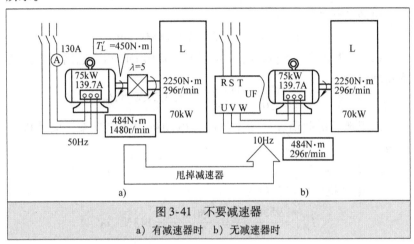

图 3-41　不要减速器

a）有减速器时　b）无减速器时

3.10.3　误区 2——增大频率提高生产率

1. 误区实例

某厂的显示屏生产线，在工频运行时，传输带的线速度是 2m/min。希望利用变频器将工作频率提高到 $f_{\mathrm{X1}} = 60\mathrm{Hz}$（$k_{\mathrm{f}} = 1.2$），使传输带的线速度提高到 2.4m/min，以提高劳动生产率。电动机的额定数据是 22kW、1470r/min；负载转矩为 643N·m。结果电动机很快冒烟了。

2. 错误原因分析

功率方面：负载提速后，其运行功率将随转速的升高而增大，而电动机在额频以上运行时，具有恒功率特点。所以提速后，负载功率将大于电动机的额定功率。

转矩方面：电动机在额定频率以上运行时，其有效转矩减小，而负载的阻转矩未变，所以电动机过载。

3. 数据示例

设拖动系统的数据如图3-41a所示。

当工作频率从50Hz上升到60Hz时，忽略转差率的因素，电动机的转速增加为

$$n_X = k_f\, n_{MN} = 1.2 \times 1470 = 1764\text{r/min}$$

负载的转速增大为

$$n_{L1} = k_f\, n_L = 1.2 \times 294 = 353\text{r/min}$$

1）从功率看　当负载的转速提高为353r/min后，它所消耗的功率将增大为

$$P_L = \frac{T_{L1} n_{L1}}{9550} = \frac{643 \times 353}{9550} = 23.7\text{kW} > P_{MN}$$

即提速后负载消耗的功率将超过电动机的额定功率，电动机将过载。

2）从转矩看

① 电动机的额定转矩为

$$T_{MN} = \frac{9550 P_{MN}}{n_{MN}} = \frac{9550 \times 22}{1470} = 143\text{N} \cdot \text{m}$$

② 电动机的工作频率升高为$f_{X1} = 60$Hz后，其有效转矩将减小为

$$T_{ME} = \frac{T_{MN}}{k_f} = \frac{143}{1.2} = 119\text{N} \cdot \text{m} < T'_L$$

所以电动机将带不动负载，如图3-42b所示。

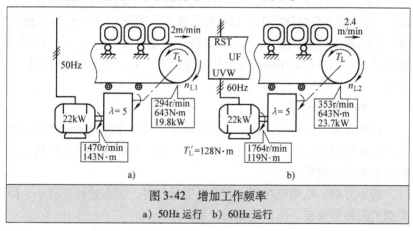

图3-42　增加工作频率

a）50Hz运行　b）60Hz运行

3.10.4 误区 3——减少磁极对数以减小体积

1. 误区实例

某生产机械，原用 6 极电动机，额定数据为 75kW、980r/min。因机座较大，维修时不便操作。故改用机座号较小的 4 极电动机，额定数据为 75kW、1480r/min，上限频率预置为 33Hz。结果一通电，电动机很快就冒烟了。

2. 错误原因分析

功率方面：4 极电动机的额定转速较高，代替 6 极电动机时，其运行频率必须下降至 33Hz，输出功率也必减小，不再是 75kW 了。

转矩方面：4 极电动机的额定转矩小于 6 极电动机。如图 3-43 所示。

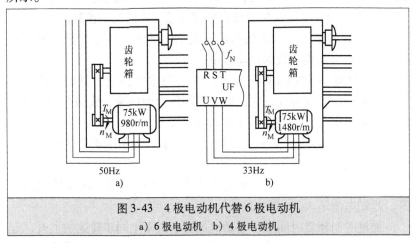

图 3-43　4 极电动机代替 6 极电动机

a）6 极电动机　b）4 极电动机

3. 数据示例

1）从功率看当 75kW 的 4 极电动机的运行频率为 33Hz（$k_f = 0.66$）时，其有效功率为

$$P_{MEX} = k_f P_{MN} = 0.66 \times 75 = 49.5kW < 75kW$$

2）从转矩看 75kW、980r/min 电动机的额定转矩是 $T_{MN1} = 731N \cdot m$，而 75kW、1480r/min 电动机的额定转矩是 $T_{MN2} = 484N \cdot m$，只有原来的 66%。所以换成 4 极电动机后。电动机将过载。

小　　结

1. 变频拖动与工频拖动的重要区别之一是磁通大小容易变动。

2. 为了使电动机在低频运行时，也能得到额定磁通，变频器应在 $k_U = k_f$ 的基础上适当补偿电压称为转矩提升。这种方式称为 V/F 控制方式。

3. $k_U = k_f$ 时的 U/f 线称为基本 U/f 线，与变频器最大输出电压对应的频率称为基本频率。

4. 矢量控制是仿照直流电动机的特点，使异步电动机的变频调速系统具有和直流电动机类似的机械特性曲线簇。

5. 有反馈矢量控制是指外部有转速反馈（旋转编码器）的矢量控制，它具有机械特性很硬，动态响应能力强，调速范围广等优点。

6. 无反馈矢量控制是指没有外部转速反馈的矢量控制。

7. 因为矢量控制需要根据电动机的参数进行等效变换，故使用前必须进行电动机参数的自动测量。

8. 直接转矩控制实际上是利用电子技术的快速性对电动机进行时通、时断的控制方式。它比矢量控制简捷而快速，故动态响应能力好。但因此也带来了某些不尽如人意的缺点。

9. 变频器的输出频率从 0Hz 上升至基本频率所需要的时间，称为加速时间。

加速时间预置时间长，电动机的转子能够跟得上同步转速的上升，起动电流不大。

加速时间预置时间短，电动机的转子跟不上同步转速的上升，起动电流就大，甚至可导致变频器因过电流而跳闸。

10. 变频调速系统是通过降低频率减速和停机的。当频率下降时，电动机将处于再生制动状态（发电机状态），使直流回路产生泵升电压。

11. 变频器的输出频率从基本频率下降到 0Hz 所需要的时间，称为减速时间。

减速时间预置时间长，电动机的转子能够跟得上同步转速的下降，泵升电压不大。

减速时间预置时间短，电动机的转子跟不上同步转速的下降，泵升电压就大，甚至可导致变频器因过电压而跳闸。

12. 为了使快速制动时，变频器不因过电压而跳闸，在直流回路中可以接入制动电阻和制动单元。使直流电压超过上限值时，能够通过制动电阻放电。

13. 为了使电动机能够迅速停住，可以进行直流制动，即向直流电动机内通入直流电流。采用直流制动时，需要预置的功能为

1）直流制动的起始频率。

2）直流制动电压。

3）直流制动的持续时间。

14. 采用变频调速系统调速时，务必同时注意功率和转矩的平衡。

复习思考题

1. 变频器在变频的同时为什么还必须变压？

2. 电动机在低频运行时为什么要进行转矩提升？

3. 为什么变频器要设置许多 U/f 线供用户选择？

4. 变频调速时，"负载越轻，电流越小"的规律为什么有时不适用？

5. 变频器有时在轻载时出现过电流保护，原因是什么？

6. 什么是低励磁压频比？

7. 有一台变频器，原来用在带式输送机上，后改用到风机上，起动时，频率刚上升到 10Hz 左右，就因"过电流"而跳闸，是什么原因？

8. 电动机的额定频率是 50/60Hz，把基本频率预置为 50Hz 和预置为 60Hz 有什么区别？

9. 无反馈矢量控制与有反馈矢量控制有什么区别？

10. 怎样自动检测电动机的参数？

11. 矢量控制时为什么在未接电动机前会"出错"？

12. 最高频率和基本频率的根本区别在哪里？

13. 上限频率和最高频率有什么区别？

14. 有一台鼓风机，每当运行在 20Hz 时，振动特别严重，怎么解决？

15. 为什么变频起动能减小起动电流？

16. 某变频器的加速时间预置为 20s，试计算从 30Hz 到 45Hz 所需的时间？

17. 决定加、减速时间的主要依据是什么？

第 4 章 ▶▶▶▶▶

变频器的内部控制电路

4.1 变频器的内部控制框图

变频器的内部控制框图的核心是主控电路，所有其他的部分，如采样及信号的处理电路和外部控制端子的连接电路，以及 IGBT 的驱动电路等，都必须和主控电路相联系，如图 4-1 所示。

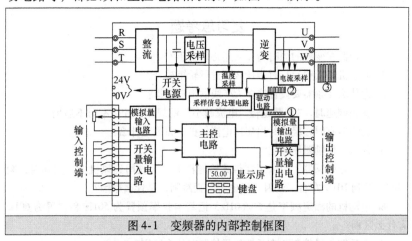

图 4-1 变频器的内部控制框图

除此以外，当然还有为各部分提供能源的开关电源。

4.1.1 主控电路的运算功能

主控电路是变频器控制电路的核心，相当于人的大脑。其中主要部件是计算机的中央处理器（CPU）。当代变频器里的 CPU 已经加进了许多专用功能，所以是专用 CPU。不同生产厂的专用 CPU 各有不同安排和软件，但其外围配置则基本相同。

CPU 的运算任务如下：

1. 实时地计算 SPWM

根据用户调定的给定频率信号和预置的控制方式，实时地计算 SPWM，如图 4-2 中的①框内所示。

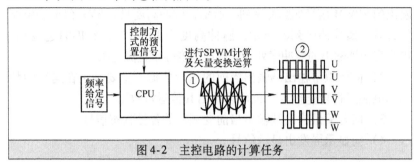

图 4-2　主控电路的计算任务

计算结果得到各相的脉冲序列中，每个脉冲的上升时刻和下降时刻，如图 4-2 中的②所示。

2. 实时计算矢量控制的等效变换

如用户预置了矢量控制方式，则还要根据电动机参数和转速反馈信号（有编码器或无编码器）等进行一系列等效变换的计算。

3. 对运行数据进行处理和判断

根据采样电路所检测到的运行数据或变换成模拟量输出信号，提供给模拟量输出端，以便用户在外部进行测量；或将采样所得信号和基准信号进行比较和判断，以便向开关量输出端提供变频器当前运行状态的信号。

4.1.2　主控电路与外电路的联系

1. 接收各种输入信号

输入信号是 CPU 进行运行的依据。主要的输入信号如下：

1）从键盘的操作指令　键盘是用户操作变频器的主要部件，它可以对各种功能进行预置，可以调节输出频率等。毋庸置疑，它的所有指令都是由 CPU 执行的。

2）接收外接输入控制端的指令　变频器的外接输入控制端具有十分丰富的功能，CPU 将根据相关指令进行安排。

3）接收各采样器件检测到的各种运行数据。

2. 发出各种输出信号

主要的输出信号如下：

1）向驱动模块输出 IGBT 的 SPWM 控制信号　在图4-1中，CPU 发出的 SPWM 信号如脉冲序列①所示，脉冲高度只有5V；经驱动电路放大后，如脉冲序列②所示，脉冲高度为 10～15V；经IGBT逆变后，得到变频器输出的脉冲序列③，脉冲高度等于直流电压。

2）向模拟量输出端输出当前的运行数据　主要是正在运行的频率和电流经过功能预置，也可以输出其他运行数据。

3）向开关量输出端输出当前变频器的各种状态信号。

4）向显示屏发出显示信号。

4.2　变频器的开关电源

开关电源的全称是高频开关稳压电源，在变频器里用于为控制电路的各部分提供稳定的直流电源。

4.2.1　开关电源的电源进线

开关电源只能由主电路提供电源，但变频器的主电路却只能提供高压电源。如何提供呢？

1. 由直流回路供电

1）直接从直流回路取出　即取自主回路的直流电压两端，如图 4-3a所示。

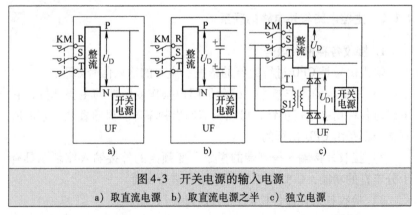

图 4-3　开关电源的输入电源

a) 取直流电源　b) 取直流电源之半　c) 独立电源

2）取直流电源之半　因为直流电路的滤波电容通常都是由两组电容器串联而成的，所以可以从两组电容器的中间取出，如图 4-3b 所示。这种方法可以降低对开关电源的耐压要求。

以上方法的优点是比较简单，但缺点是变频器接通电源后，必须等 CPU 开始工作后才能起动电动机。因为 CPU 对电源的稳定度要求较高，所以控制电源从主回路得电到提供稳定电压的过渡时间较长。所以，变频器通电时，不能直接起动电动机。

2. 单独供电

从主接触器 KM 的前面直接与交流电源相接，再通过变压器降压后向开关电源供电，如图 4-3c 所示。这种方式的开关电源比变频器先得电，可以使控制电路事先做好准备工作后再让变频器通电，所以电动机可以在变频器刚接通电源就起动，称之为"上电起动"。

4.2.2　脉冲变压器

脉冲变压器是一种高频变压器，是开关电源的核心部件，其作用是将高压直流电压变换成多个低压交流电源。顾名思义，它传递的是脉冲信号。脉冲变压器的基本结构如图 4-4a 所示，工作过程如图 4-4b 所示。

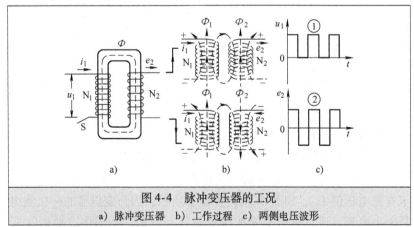

图 4-4　脉冲变压器的工况
a）脉冲变压器　b）工作过程　c）两侧电压波形

1. 输入脉冲上升

当 S 闭合，一次绕组 N_1 的输入脉冲上升，穿过二次绕组 N_2 的磁

通 Φ_1 增加，根据楞次定律，二次绕组的感应电流必阻碍磁通的增加，二次电流磁通 Φ_2 的方向和穿过二次绕组的一次磁通方向相反，如图 4-4b 的上方所示，由此判断出感应电动势 e_2 的极性是上 " + "、下 " – "，假设这时 e_2 的方向为 " + "。

2. 输入脉冲下降

当 S 断开，一次绕组的输入脉冲下降，磁通 Φ_1 减少，二次绕组的感应电流又必阻碍磁通的减少，二次电流磁通 Φ_2 的方向，与一次磁通穿过二次绕组的磁通方向相同，如图 4-4b 的下方所示，并由此判断感应电动势的极性是上 " – "、下 " + "，e_2 的方向是 " – " 的。

由此可见，尽管一次电压是单极性的，如图 4-4c 的曲线①所示；但二次绕组的感应电动势却是交变的，如图 4-4c 的曲线②所示。

4.2.3 脉冲变压器的一次电路

如图 4-5a 所示，脉冲变压器的一次绕组要受晶体管 VT 的控制，控制过程如下：

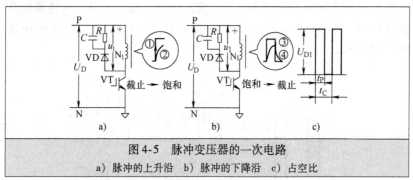

图 4-5 脉冲变压器的一次电路
a) 脉冲的上升沿 b) 脉冲的下降沿 c) 占空比

1. VT 由截止转为饱和导通

当 VT 处于截止状态时，一次绕组 N_1 上的电压 $u_1 = 0V$。

当 VT 由截止状态迅速转变为饱和导通时，一次电压 u_1 迅速上升至直流电压值 U_D，如图 4-5a 之曲线①所示；因为变压器的一次绕组是个大电感，所以电流 i_1 是按指数规律上升的，如图中之曲线②所示，由于电流的增大，使二次绕组里的感应电动势 e_2 为 " + "（上" + "下 " – "）。

2. VT 由饱和导通转为截止

当晶体管 VT 由饱和导通状态迅速转变为截止时，一次电压 u_1 随之下降，如图 4-5b 中之曲线③所示，但变压器一次绕组的电流 i_1 不能立即消失，而是通过二极管 VD 续流，为了延缓其续流过程，续流电流将向电容器 C 充电，使电流按指数规律下降，如图中之曲线④所示。在电流 i_1 减小的过程中，二次绕组里的感应电动势 e_2 为 " – "（上 " – " 下 " + "）。所以二次绕组里感应电动势的波形如图 4-5c 所示。

3. 脉冲的占空比

1）占空比的定义　脉冲的占空比等于脉冲宽度与脉冲周期之比：

$$D = t_P / t_C \tag{4-1}$$

式中　D——脉冲的占空比；

t_P——脉冲宽度（脉冲持续时间）（ms）；

t_C——脉冲周期（ms）。

2）一次电压的平均值如上所述，一次绕组所得电压的振幅值等于直流电压值 U_D，但它的平均值则取决于直流电压和脉冲占空比的乘积：

$$U_1 = KDU_{D1} \tag{4-2}$$

式中　U_1——脉冲变压器一次电压的平均值（V）；

U_{D1}——输入直流电压（V）；

K——比例常数。

4. 一次电路的工作过程

如图 4-6a 所示，一次电路接到主电路的直流回路，输入电压是 U_{D1}，如曲线①所示。

晶体管 VT 受 PWM 发生器调制，PWM 发生器用于产生占空比可调的脉冲信号，使一次绕组 N_1 得到占空比可调的脉冲电压序列 u_1，如曲线②所示。

二次绕组 N_2 经整流和滤波后得到 U_{D2}，如曲线③所示。其采样电压反馈到 PWM 发生器，与 PWM 发生器内部的基准电压相比较，以调整输出脉冲的占空比，如图 4-6b 所示，使二次电压的平均值比较稳定。

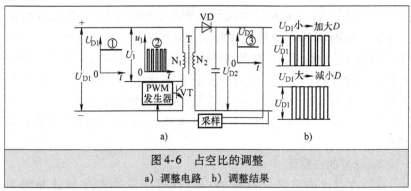

图 4-6 占空比的调整

a）调整电路 b）调整结果

4.2.4 脉冲变压器的二次电路

在变频器中，开关电源的二次绕组较多，说明如下：

1. 自供电绕组

这里所谓的"自供电"是指供给 PWM 发生器的电源。PWM 发生器的工作分为两个阶段。

1）激励阶段 先给 PWM 发生器提供一点能量，使它振荡起来。

如图 4-7 所示，变频器的直流电压经电阻 R_1 和 R_2 降压后，从稳压管 VS 上取出的电压，就可以用来作为激励电压，提供给 PWM 发生器，使它开始产生 PWM 脉冲系列。

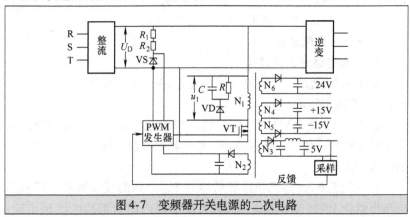

图 4-7 变频器开关电源的二次电路

2）自供电阶段 由于直流电压很高，其降压电阻的电阻值很大，如长时间供电，功耗较大。当 PWM 发生器受到激励，开始产生脉冲系列后，变压器的一次绕组 N_1 就得到电压，其二次绕组 N_2 开始有电压输出，经整流、滤波后也提供给 PWM 发生器，并成为 PWM 发生器的主要供电者，由脉冲变压器的二次绕组 N_2 自己供电了。

2. 高稳定电源

如图 4-7 中之 N_3 用于为 CPU 提供 5V 电源，是控制电路中对稳定度要求最高者，所以采用 π 形滤波稳定电压的采样电压也由此取出。控制电压是否稳定主要看 5V 电压。

3. 提供给外电路的电源

主要有：

1） ±15V 电源 如图 4-7 中之 N_4 和 N_5，主要用于为频率给定电路提供电源。

2）24V 电源 各种变频器一般都为用户提供 24V 直流电源，以便用作传感器或低压控制电路的电源。

4. IGBT 的驱动电源

为 IGBT 的驱动电路提供的电源分为两种情况：

1）上桥臂驱动电源 因为逆变桥上桥臂的 3 个逆变管分别和输出的 U、V、W 相连接，如图 4-8 中之①、②、③所示。故 3 个电源的二次绕组必须分开，互相绝缘，如图中之 N_7、N_8 和 N_9 所示。

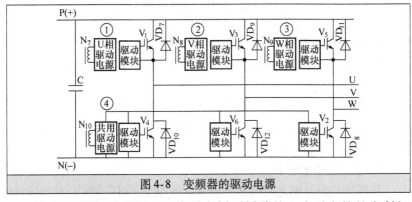

图 4-8 变频器的驱动电源

2）下桥臂驱动电源 因为逆变桥下桥臂的 3 个逆变管的发射极都和直流电路的负端 N 相接，如图 4-8 中之④所示。故可以共用 1 个电源，变压器的二次绕组如图 4-8 中之 N_{10} 所示。

4.3 IGBT 的驱动电路

IGBT 是变频器内最重要的器件，也是故障率较高的器件，还是使用者常常需要判断和处理的器件。因此，本节将重点进行介绍。

4.3.1 IGBT 的主要参数

1. 击穿电压

是 IGBT 在截止状态下集电极与发射极之间能够承受的最大电压，如图 4-9a 中之 U_{CEX} 所示。

2. 漏电流

IGBT 在截止状态下的集电极电流，如图 4-9a 中之 I_{CEO} 所示。

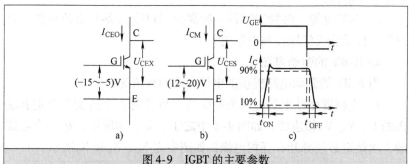

图 4-9 IGBT 的主要参数
a）截止状态 b）饱和导通状态 c）开关时间

3. 集电极额定电流

是 IGBT 在饱和导通状态下，允许持续通过的最大电流，如图 4-9b 中之 I_{CM} 所示。

4. 集电极–发射极饱和电压

是 IGBT 在饱和导通状态下，集电极与发射极之间的电压降，如图 4-9b 中之 U_{CES} 所示。

5. 栅极驱动电压 U_{GE}

是栅极与发射极之间施加的电压。在变频器中，当 IGBT 饱和导通时，U_{GE} 为 $12\sim20V$；而当 IGBT 截止时，U_{GE} 为 $-15\sim-5V$。

6. 开通时间与关断时间

电流从 $10\% I_{CM}$ 上升到 $90\% I_{CM}$ 所需要的时间，称为开通时间，用 t_{ON} 表示；电流从 $90\% I_{CM}$ 下降到 $10\% I_{CM}$ 所需要的时间，称为关断时间，用 t_{OFF} 表示，如图 4-9c 所示。

4.3.2　IGBT 的开通与关断

在变频器中，IGBT 的开通和关断过程涉及逆变桥上、下两管交替导通时的死区设定问题，所以是非常重要的。

1. 开通过程

所谓开通过程是指当 IGBT 的栅极上施加正电压，使 IGBT 饱和导通的过程，电路的操作如图 4-10a 所示。在开通过程中，各参数的变化如图 4-10b 所示。图中，曲线①是栅极的控制信号，曲线②是集电极电流的上升过程，曲线③是集电极和发射极之间电压的变化情形。这里，应注意以下几点：

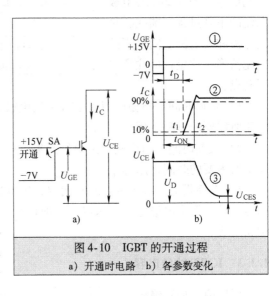

图 4-10　IGBT 的开通过程
a) 开通时电路　b) 各参数变化

1）延迟时间　指栅极得到信号到集电极电流上升到额定电流的 10% 所需要的时间，用 t_D 表示。

2）开通时间　指栅极得到信号到集电极电流上升到额定电流的 90% 所需要的时间，用 t_{ON} 表示。

3）开通损失　在时刻 $t_1 \sim t_2$ 的时间内，集电极电流已经上升，但集电极、发射极之间的电压尚未降下，当然就要消耗电功率，称为开通损失，用 p_{ON} 表示。

2. 关断过程

关断过程是指当 IGBT 的栅极上施加负电压，使IG-BT 从饱和导通状态截止的过程，电路的操作如图 4-11a 所示。在关断过程中，各参数的变化如图4-11b所示。

图中，曲线①是栅极的控制信号，曲线②是集电极电流的下降过程，曲线③是集电极和发射极之间电压的变化情形。这里，应注意以下几点：

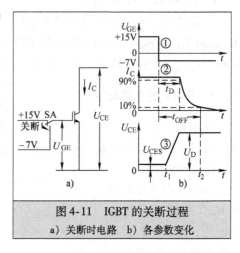

图 4-11　IGBT 的关断过程
a）关断时电路　b）各参数变化

1）**延迟时间**　指栅极得到信号到集电极电流下降到额定电流的 90% 所需要的时间，用 t_D 表示。

2）**关断时间**　指栅极得到信号到集电极电流下降到额定电流的 10% 所需要的时间，用 t_{OFF} 表示。

3）**关断损失**　在 $t_1 \sim t_2$ 的时间内，集电极、发射极之间的电压已经上升，但集电极电流尚未降下，所消耗的电功率称为关断损失，用 p_{OFF} 表示。

4.3.3　IGBT 的结电容

任何两个相互绝缘的导体之间，都存在着电容。而 IGBT 的几个极之间都是绝缘的，所以相互间也都存在着电容，称为结电容。主要的结电容如图 4-12a 所示。

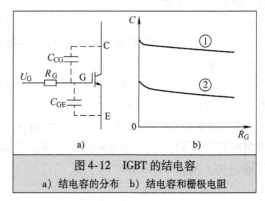

图 4-12　IGBT 的结电容
a）结电容的分布　b）结电容和栅极电阻

1. 栅 – 射电容

即栅极和发射极之间的结电容，用 C_{GE} 表示。当栅极的控制信号 U_G 上升时，C_{GE} 将充电，当 U_G 下降时，C_{GE} 放电。C_{GE} 的大小因栅极电阻 R_G 的大小而略有变化，如图 4-12b 中之曲线①所示。

2. 集 – 栅电容

即集电极和栅极之间的结电容，用 C_{CG} 表示。IGBT 在截止过程中，集电极电位的迅速升高将通过 C_{CG} 反馈到栅极上，从而有可能导致 IGBT 的误导通。C_{GE} 的大小也因栅极电阻 R_G 的大小而略有变化，如图 4-12b 中之曲线②所示。

4.3.4　IGBT 对驱动电路的要求

1. IGBT 驱动电路的基本构成

IGBT 的基本驱动电路如图 4-13a 所示。当输入电压 U_I 为 " + "时，VT_1 导通、VT_2 截止，电流从正向驱动电源通过栅极电阻 R_G 流向栅极，如图 4-13a 中的虚线①所示，栅极上得到正的驱动电压 U_{GE}，如图 4-13b 中之③所示。这时 IGBT 将饱和导通。

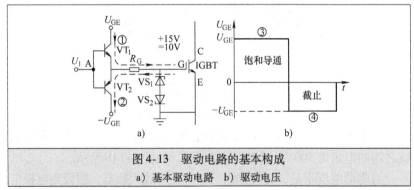

图 4-13　驱动电路的基本构成
a）基本驱动电路　b）驱动电压

当输入电压 U_I 为 " – " 时，VT_1 截止而 VT_2 导通，电流从 IGBT 的栅极通过栅极电阻 R_G 流向反向偏置电源，如图 4-13a 中的虚线②所示，栅极上得到负的偏置电压 $-U_{GE}$，如图 4-13b 中之④所示。这时 IGBT 将截止。

2. 和正向驱动有关的因素

1）正向驱动电压　正向驱动电压 U_{GE} 越大，IGBT 的饱和深度越深，饱和电压 U_{CES} 越小。此外，饱和电压还和集电极电流有关。集电极电流越大，饱和电压 U_{CES} 也越大。

2）开通损失 正向驱动电压 U_{GE} 越大，IGBT 从截止状态到饱和导通的过程越短，开通损失就越小。

3. 正向驱动电压的范围

1）驱动电压不足 驱动电压的大小，将影响 IGBT 的状态。以某 IGBT 为例，其额定数据是击穿电压 $U_{CEX}=1200V$，漏电流 $I_{CEO}=1.0mA$，集电极额定电流 $I_{CM}=100A$，饱和压降 $U_{CES}=2.6V$，额定功耗 $P_C=600W$。

今观察在不同的驱动电压下，IGBT 的状态和功耗。

当驱动电压为 15V 时，IGBT 饱和导通，假设集电极电流为 100A，饱和压降为 2.6V，则功耗为 260W，如图 4-14a 所示。

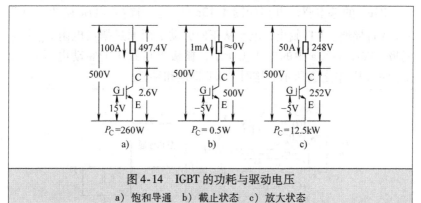

图 4-14 IGBT 的功耗与驱动电压
a）饱和导通 b）截止状态 c）放大状态

当驱动电压为 –5V，IGBT 截止，漏电流为 1mA，集电极和发射极之间的电压为 500V，功耗只有 0.5W，如图 4-14b 所示。

当驱动电压不足，为 5V 时，IGBT 处于放大状态，假设集电极电流为 50A，管压降为 252V，则功耗高达 12.5kW，如图 4-14c 所示。

可见，如果驱动电压不足，IGBT 进入放大状态时，将必烧无疑。

2）驱动电压太大 将使 IGBT 处于深度饱和状态，从而延缓 IG-BT 脱离饱和区的过程，延长关断时间。容易导致上、下两管的直通，且不利于当变频器发生故障时的迅速封锁逆变桥。

有关资料表明，U_{GE} 的取值范围应在 12～15V 之内，而最佳值为

15 （1 ± 10%） V。

4. 反向偏置电压的范围

　　反向偏置电压的作用是能够加速 IGBT 的截止过程，另一方面也可以防止 IGBT 的误导通。从这个角度看，反向偏置电压应该大一些为好。但如果反向偏置电压太大，IGBT 关断太快，则集电极电位过快的变化率将通过集 - 栅之间的结电容 C_{CG} 反馈到栅极，导致 IGBT 的误导通，如图 4-15 所示。

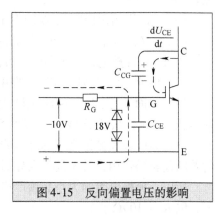

图 4-15　反向偏置电压的影响

　　反向偏置电压的取值范围是 $-15 \sim -5V$ 之间。

5. 对栅极电阻的要求

　　在 IGBT 的驱动电路里，栅极电阻 R_G 的选择十分重要，因为在 IGBT 的栅极 G 和发射极 E 之间，存在着结电容 C_{GE}。而 C_{GE} 的充、放电过程将影响 IGBT 的开通和关断，分析如下：

　　1）饱和导通时的状态　如上所述，IGBT 在饱和导通时，G、E 间施加了 12~15V 的驱动电压，这时 C_{GE} 将充电，如图 4-16a 所示。当 IGBT 饱和导通时，C、E 间的饱和压降为

$$U_{CES} < 3V$$

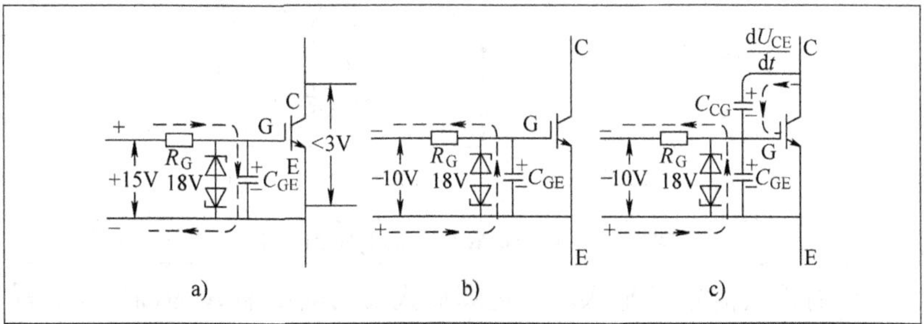

图 4-16　栅极电阻的作用

a）饱和导通状态　b）截止状态　c）栅极电阻大小

　　2）由饱和导通转为截止　当 IGBT 由饱和导通转为截止时，G、

E 间施加了 $-15 \sim -5\mathrm{V}$ 的反向电压，这时 C_{GE} 将通过栅极电阻 R_{G} 放电，如图 4-16b 所示。

3）R_{G} 的影响栅极电阻 R_{G} 的大小将直接影响 IGBT 的关断时间：

R_{G} 大→C_{GE} 放电慢→关断时间 t_{OFF} 长。

R_{G} 小→C_{GE} 放电快→关断时间 t_{OFF} 短。

一方面 R_{G} 大，将延长 IGBT 的开通和关断时间。

另一方面 R_{G} 太小，IGBT 关断太快，则 IGBT 的 C、E 间的集 – 射电压 U_{CE} 迅速从低于 3V 上升到约 513V，电压上升率 $\mathrm{d}u_{\mathrm{CE}}/\mathrm{d}t$ 很大，又将通过集电极和栅极之间的结电容 C_{CE} 产生反馈电流 i_{CG}，对 IGBT 的关断起阻碍作用，甚至发生误导通，如图 4-16c 所示。

所以，栅极电阻的大小必须严格按照说明书选用。在大多数情况下，以 $R_{\mathrm{G}} < 100\Omega$ 为宜。

4.3.5　IGBT 的分立元件驱动电路

在类似制动单元这样的单管电路里，IGBT 驱动电路常常是由分立元件组成的。

1. 利用运算放大器的驱动电路

如图 4-17 所示。

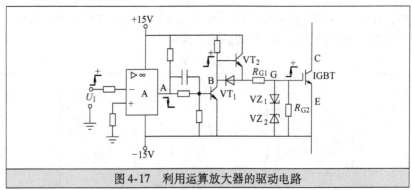

图 4-17　利用运算放大器的驱动电路

没有输入信号 U_{I} 输入时，运算放大器的输出端 A 为高电位，晶体管 VT_1 得到基极电流而导通，B 点为低电位，晶体管 VT_2 截止，IGBT 的栅极 G 通过 VT_1 而得到反向偏置电压，IGBT 处于截止状态。

当有信号 U_{I} 输入时，运算放大器的输出端 A 翻转为低电位，晶

体管 VT_1 截止，B 点翻转为高电位，晶体管 VT_2 导通，IGBT 的栅极通过 VT_2 而得到正向驱动电压，IGBT 将饱和导通。VT_2 处于射极输出状态，具有功率放大的作用。

2. 利用光耦合器的驱动电路

因为 IGBT 通常在强电回路里，而输入信号在弱电回路里，所以两者之间有必要进行隔离，如图 4-18 所示。

没有输入信号 U_I 输入时，光耦合器的晶体管截止，A 点为高电位，晶体管 VT_1 得到基极电流而导通，B 点为低电位，晶体管 VT_2 截止而 VT_3 导通，

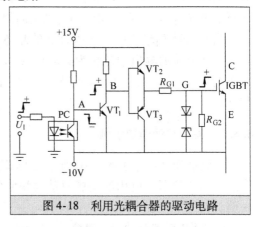

图 4-18　利用光耦合器的驱动电路

IGBT 的栅极 G 通过 VT_3 而得到反向偏置电压，IGBT 处于截止状态。

当有信号 U_I 输入时，光耦合器的晶体管导通，A 端翻转为低电位，晶体管 VT_1 截止，B 翻转为高电位，晶体管 VT_3 截止而 VT_2 导通，IGBT 的栅极通过 VT_2 而得到正向驱动电压，IGBT 将饱和导通。

3. 利用时基电路的驱动电路

时基电路的额定输出电流可达 200mA，可以直接驱动 IGBT，从而简化了电路，如图 4-19 所示。

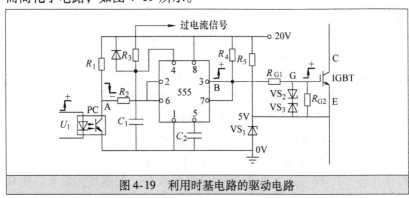

图 4-19　利用时基电路的驱动电路

IGBT 的栅极 G 通过 R_G 和时基电路的输出端（③脚）相接，发射极 E 和 5V 稳压电源相接。

没有输入信号 U_I 输入时，光耦合器的晶体管截止，A 为高电位，时基电路的输出端 B 为低电位（0V），因为 IGBT 的发射极电位是 +5V，故 $U_{GE} = -5V$，IGBT 因得到反向偏置电压而处于截止状态。

当有信号 U_I 输入时，光耦合器的晶体管导通，A 端翻转为低电位，时基电路的输出端翻转为高电位（约为 20V），因为 IGBT 的发射极电位是 +5V，故 $U_{GE} = +15V$，得到正向驱动电压，IGBT 将饱和导通。

4.3.6 集成驱动模块示例

变频器逆变电路里的 IGBT 驱动电路普遍采用集成驱动模块。不同品牌的变频器，所用的集成驱动模块常常是不一样的，这里仅举一例。

1. EXB 系列驱动模块简介

EXB 系列驱动模块框图如图 4-20 所示。工作电源施加于②脚和⑨脚之间：②脚接 +20V，⑨脚接 0V。在②脚和⑨脚之间，又有一个由 R_1 和稳压管 VS 构成的稳压电路，稳压值为 +5V，与①脚

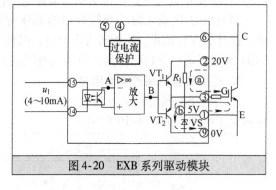

图 4-20　EXB 系列驱动模块

相接，并与 IGBT 的 E 极相接。③脚与由 VT$_1$ 和 VT$_2$ 组成的推挽电路的中间点相接，并接到 IGBT 的 G 极。⑥脚和 IGBT 的 C 极相接，用于进行电流保护。控制信号从⑮~⑭脚输入。

当⑮~⑭有输入信号时，光耦合器的晶体管导通，A 点为低电位，经放大后的 B 点为高电位，使 VT$_1$ 导通，VT$_2$ 截止，②脚的工作电压经 VT$_1$ 到③脚，并输出到 IGBT 的 G 极，如虚线ⓐ所示，使 G 极电位为 +20V。因为 E 极已经和①脚的 +5V 相接，所以

$U_{GE} = +15V$，IGBT 饱和导通。

当⑮~⑭间的输入信号为 0 时，A 点变成高电位，B 点为低电位，使 VT_1 截止，VT_2 导通，③脚经 VT_2 与电源的 0V 相接。对于 IGBT 来说，G 极为 0V，E 极为 +5V，$U_{GE} = -5V$。

2. 驱动模块的过电流保护

当电路发生过电流或短路故障时，如果通过电流检测后和基准值进行比较，再由 CPU 输出保护信号，将为时太晚。因此，过电流和短路保护必须由驱动电路迅速地直接进行保护。

如图 4-21 所示，正常情况下，IGBT 的饱和压降只有 3V 左右，二极管 VD_1 是导通的，D 点为低电位，C 点为高电位，⑤脚也是高电位，光耦合器 PC_2 处于截止状态。

短路时，IGBT 的 C、E 间的电压降将迅速上升至 7V，如图中ⓐ所示。这时：

VD_1 截止，⑥脚电位上升，D 点电位升高。运算放大器 A_2 的采样电压 U_S 将大于基准电压 U_R，C 点由高电位变成低电位。经整理后：

一方面将 B 点的电位转换成低电位，使 IGBT 迅速截止；

另一方面使⑤脚电位下降，光耦合器 PC_2 导通，将相关信号告诉 CPU，如图中ⓑ所示，使故障继电器动作，并显示故障代码。

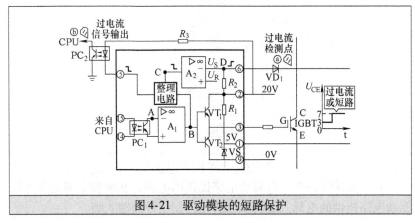

图 4-21　驱动模块的短路保护

4.3.7 IGBT 智能模块

IGBT 智能模块是将 IGBT、续流二极管和驱动模块集成在一起，并且具有过电流和短路、驱动电压不足以及过热等保护功能的模块，符号是 IPM。

1. 管脚介绍

如图 4-22 所示，①脚和③脚是 VT₁ 驱动电路的电源，②脚是控制信号的输入端。

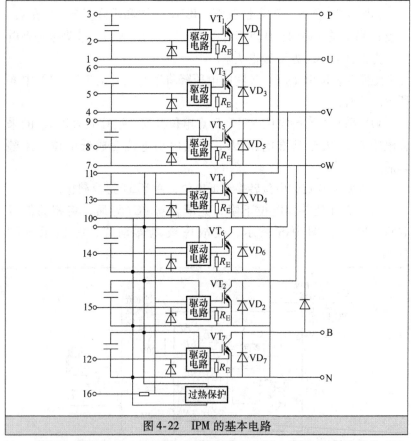

图 4-22 IPM 的基本电路

⑥脚和④脚是为 VT₃ 驱动电路提供的电源；⑨脚和⑦脚是为 VT₅ 驱动电路提供的电源。⑤脚和⑧脚是控制信号的输入端。

⑪脚和⑩脚是下三管（VT_4、VT_6 和 VT_2）和制动单元（VT_7）的共用电源；⑬脚、⑭脚、⑮脚、⑫脚分别为各管控制信号的输入端。

⑯脚是过热保护的输出端。

P 和 N 是直流电路的正端和负端；U、V、W 是逆变后三相电源的输出端；B 是外接制动电阻的接线端。

2. 主要特点

1）驱动电源简化　因为 IPM 的结构十分紧凑，驱动电路和 IGBT 之间的距离极短，具有很强的抗干扰能力，所以在关断时不需要施加反偏电压，从而简化了驱动电源。

2）IGBT 上有两个发射极　这是射极分流式结构，其特点是：在采样电阻 R_E 上的电流 I_{EO} 很小，但 I_{EO} 和集电极电流 I_C 成正比。所以，当 I_C 超过限值时，R_E 上的压降就将发出过电流的保护信号，进行过电流和短路保护。

3）驱动电源的欠电压保护功能　因为如果驱动不足，IGBT 将因进入放大状态而损坏，所以需要保护。

4）过热保护　其温度传感器件设置在内部的绝缘基板上，从而使过热保护更加准确可靠。

4.4　变频器的采样与保护电路

所谓采样，就是测量变频调速系统在运行过程中的各项数据，以便使用者监视。与此同时，它需要判断各运行数据是否在正常范围内，所以它总是和保护电路相联系的。

4.4.1　电流的采样

所有电气设备在运行过程中，电流的大小总是最被关注的，变频器也不例外。现代变频器中，都利用霍尔元件准确地进行电流采样。

1. 霍尔效应

将半导体芯片置于磁场的作用下，当通入电流后，按照物理学的原理，移动着的电荷要受到磁场的作用力，作用力的方向和磁场及电流的方向都垂直，如图 4-23 中的 F 所示。于是正、负电荷分别集中到芯片的两侧，使两侧之间得到电压 U_H，称为霍尔电压。霍尔电压的大小和外磁场的磁感应强度成正比：

$$U_H = K_H B \qquad (4\text{-}3)$$

式中　　U_H——霍尔电压（V）；

　　　　K_H——比例常数；

　　　　B——磁感应强度（T）。

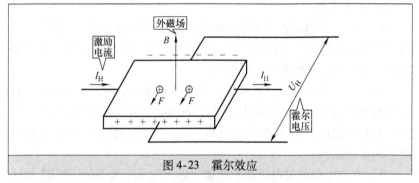

图 4-23　霍尔效应

这里，通入的电流称为激励电流，用 I_H 表示。

2. 霍尔元件

现在，已经利用霍尔效应做成了专门的霍尔芯片，如图4-24a所示。它的4个引出脚中，①脚和③脚接恒流源，输入激励电流 I_H；②脚和④脚输出霍尔电压 U_H。

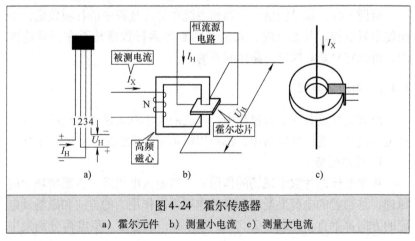

图 4-24　霍尔传感器

a）霍尔元件　b）测量小电流　c）测量大电流

利用霍尔芯片，可以很方便地测量电流，将一个线圈缠绕在高频磁心上，高频磁心的一侧开一个口，把霍尔芯片镶嵌在里面，如图 4-24b 所示，则当被测电流 I_X 通入线圈后，高频磁心里将产生磁场，垂直穿过霍尔芯片，磁场的强弱与被测电流的大小成正比，也就决定了霍尔芯片感应出的霍尔电压 U_H 的大小。如果被测电流很大，导线很粗，无法缠绕时，也可以将导线直接穿过高频磁心，如图 4-24c 所示。

3. 霍尔元件的激励

利用霍尔效应制作成传感器时，必须有一个稳定的激励电流 I_H。两种方案如下：

1）**恒压源激励**　如图 4-25a 所示，将运算放大器接成电压跟随器，作为霍尔芯片的激励电源。运算放大器的输入电压 U_I 有 1V 的，也有 6V 的。

2）**恒流源激励**　将霍尔元件作为恒流源电路的负载，如图 4-25b所示。

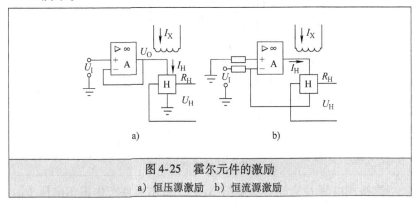

图 4-25　霍尔元件的激励
a）恒压源激励　b）恒流源激励

4. 电流的测量

图 4-26 所示是比较完整的实际测量电路，也有将它称为电子型电流互感器的。图中，运算放大器 A_1 接成恒流源电路，用于为霍尔元件提供恒定的激励电流；A_2 用于对霍尔电压进行放大。

5. 磁平衡测量电路

如图 4-27 所示，N_1 是输入被测电流 I_X 的绕组，可以称为一次绕组。此外，在磁心上又附加了一套二次绕组 N_2，由运算放大器 A 的输出端提供电流 I_S。一次绕组产生的磁场和二次绕组产生的磁场正好方向相反，互相抵消。

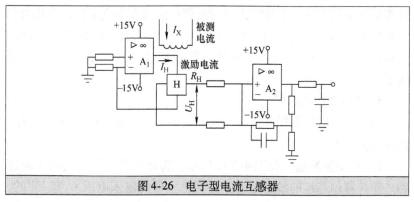

图 4-26　电子型电流互感器

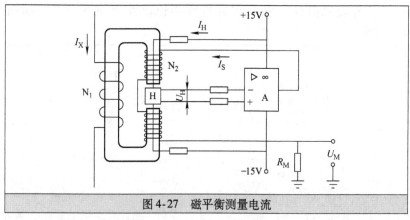

图 4-27　磁平衡测量电流

当被测电流 I_X 流经一次绕组 N_1 时，霍尔元件产生霍尔电压 U_H，输入到运算放大器 A 的两个输入端，其输出电流 I_S 通入二次绕组 N_2，产生的磁场将和一次磁场相抵消，U_H 将减小。这个过程一直进行到磁心里的磁通等于 0，U_H 也等于 0 为止，需时 1μs。由于运算放大器处于开环状态，磁心里只要有磁通，上述动态平衡过程就不会停止，即 $U_H = 0$ 的状态将被保持。这时，一次绕组和二次绕组产生的磁动势相等：

$$I_X N_1 = I_S N_2 \qquad (4\text{-}4)$$

式中　I_X——被测电流（A）；

　　N_1——一次绕组的匝数；

　　I_S——二次绕组的电流（A）；

　　N_2——二次绕组的匝数。

二次电流 I_S 在电阻 R_M 上产生电压降 U_M，通过测量 U_M，就可以算出二次电流 I_S，又通过式（4-4），算出被测电流：

$$I_X = I_S (N_2 / N_1) \qquad (4\text{-}5)$$

用这种方法测量电流的结果比较精确，为不少高级变频器所采用。

4.4.2　电流的保护

电流的保护对象是电动机的运行电流，即变频器的输出电流。需要保护的对象有三相电流不对称及过电流等，分别说明如下：

1. 三相电流不对称的检测

正常情况下，电动机的三相电流是对称的，其合成电流等于 0，即使电动机过载了，其合成电流也等于 0，如图 4-28a 所示。

图 4-28b 是将三相交变电流的信号直接相加的电路。如上述，在正常情况下，三相的电流信号在 A 点相加时，就已经等于

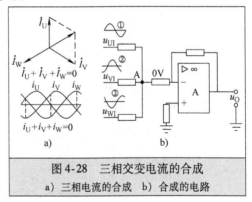

图 4-28　三相交变电流的合成

a）三相电流的合成　b）合成的电路

0 了，所以运算放大器 A 的输出信号 u_O 也等于 0。一旦 u_O 不等于 0 了，就说明三相电流不对称了，也就是发生故障了。

2. 过电流的检测

变频器输出过电流，多半是由电动机过载引起的。这时，即使电流已经超过了额定电流，但由于三相电流的对称性，其合成电流仍等

于0。当然，也没有必要每相都测。

在变频器中，是先对三相电流进行半波整流，然后再相加，如图4-29 所示。图中，运算放大器 A_1、A_2 和 A_3 都接成整流电路，整流后的电流波形都是"－"的。具体地说，各相电流信号的波形如图中的曲线①、②、③所示，整流后的波形如图中的曲线④、⑤、⑥所示，在 A 点合成后的波形如曲线⑦所示，又经放大器 A_4 放大后，得到如曲线⑧所示的三相合成电流的信号，用 u_{TI} 表示。

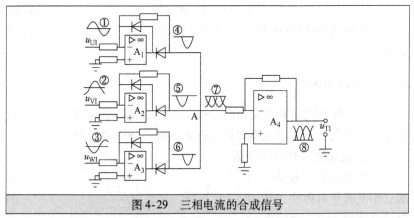

图4-29　三相电流的合成信号

这个合成电流的信号就用来作为观察是否过电流的信号。

3. 过电流的保护电路

如图4-30 所示，从电流检测电路检测到的三相电流信号 u_{TI} 分别接入运算放大器 A_1 和 A_2 的反相端，作为判断的依据，它们的波形如

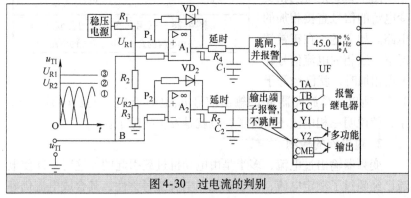

图4-30　过电流的判别

图 4-30 中的曲线①所示。在三相电流中，不论哪一相的电流超过允许值，都将被检测到并进行保护。

稳压电源经 R_1、R_2、R_3 分压后得到两个不同档次的基准电压 U_{R1} 和 U_{R2}，分别输入到运算放大器 A_1 和 A_2 的同相端，作为过电流的比较标准，如图 4-30 中的曲线②和曲线③所示。

U_{R2} 较低，作为轻微过电流的比较标准。当三相电流信号 u_{TI} 超过 U_{R2} 时，A_2 的输出信号翻转成低电位，经 R_5、C_2 延时后使变频器的多功能输出端子处于"过载报警"状态，但不跳闸。

U_{R1} 较高，作为严重过电流的比较标准。当三相电流信号 u_{TI} 超过 U_{R1} 时，A_1 的输出信号翻转成低电位，经 R_4、C_1 延时后令变频器跳闸，并使报警继电器动作。

4.4.3　电压的检测与保护

1. 直流电压的采样

变频器里最容易波动的电压是直流电压 U_D，其大小不仅和电源电压的波动有关，还和电动机减速时的泵升电压有关。因此，电压的检测通常是检测直流电压。在检测直流电压时，需要解决两个问题：

第一个问题是必须解决好强电和弱电之间的隔离。因为电压的采样是在强电回路里，而采样电压和基准值进行比较和判断则是在弱电回路里。

第二个问题是提高灵敏度。因为采样电压是由 R_1、R_2 和 R_3 分压而得的 U_{D1}。而 CPU 的工作电压只有 5V，故 U_{D1} 必须小于 5V，不到直流电压 U_D 的 1/100。如果 U_D 变化 1V，在 U_{D1} 上的反映只有不到 0.01V，检测电路必须能够检测到 0.01V 的变化。

为了解决以上问题，采用了集成光耦合器 PC 来进行隔离。因为集成光耦合器 PC 的内部增加了运算放大器，从而大大地提高了灵敏度，如图 4-31 所示。

PC 输入侧的电源由开关电源的二次绕组 N_4 上的感应电动势经整流、滤波和稳压后提供；PC 输出侧的电源则取自 CPU 的 5V 电源。

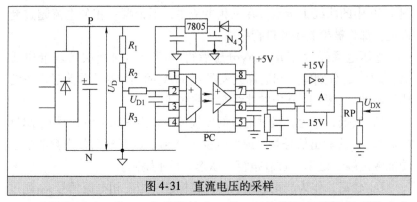

图 4-31 直流电压的采样

采样电压 U_{D1} 从 PC 的②脚输入，从 PC 的⑦脚和⑥脚得到输出电压，运算放大器 A 接成跟随形式，进行功率放大，又从电位器 RP 上取出与直流电压成正比的采样信号。

2. 过电压保护

和过电流保护类似，过电压保护也分两个层次。如图 4-32 所示，通过电阻 R_1、R_2 和 R_3 的串联电路，把基准电压分成两档：B 点电压较低，A 点电压较高。

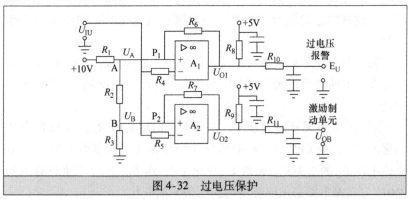

图 4-32 过电压保护

1）激励制动单元 当直流电压超过 B 点电压时，并不立即跳闸，而是先让制动单元动作，实现通过制动电阻放电，使直流电压降下来。

2）跳闸 如果直流电压仍升高，则当超过 A 点电压时跳闸。

3. 欠电压保护

如图 4-33 所示，+10V 直流电压经 R_1 和 R_2 分压后得到基准电压 U_R，输入到运算放大器 A 的同相端；采样得到的直流电压信号 U_{DX} 输入到 A 的反相端。

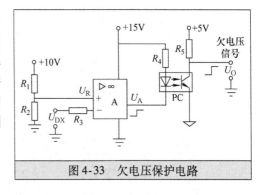

图 4-33 欠电压保护电路

正常时，$U_{DX} > U_R$，放大器的输出端 U_A 为低电平，光耦合器 PC 导通，输出电压 U_O 也是低电平；当直流电压低于下限值时，$U_{DX} < U_R$，放大器的输出端 U_A 为高电平，PC 截止，输出电压翻转为高电平，得到欠电压信号。

4.5 断相与接地的保护

4.5.1 断相保护

1. 电源断相的检测

电源断相的检测是比较容易的，如图 4-34 所示，R_1、R_2 和 R_3 是用于降压的，将电压降到控制电路能够接受的程度。

降压后的三相交流电，经 $VD_1 \sim VD_6$ 全波整流后得到直流电压 U_A，U_A 的平均值是输入相电压的 2.34 倍，足以使稳压管 VS 导通，光耦合器 PC 中的发光二极管和光敏晶体管也随之导通，输出电压 U_B 为低电平。

断相时，三相整流桥变成单相全波整流了，U_A 的平均值只有输入线电压的 0.9 倍，是正常状态的 38%，稳压管 VS 截止，光耦合器 PC 也截止，输出电压 U_B 变为高电平，当 CPU 得到高电平时，就知道电源电压断相了。

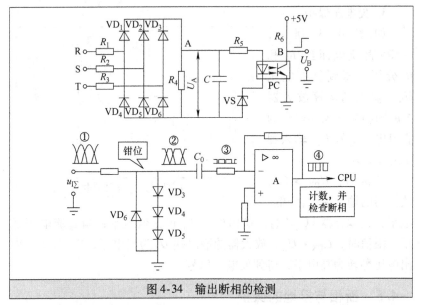

图 4-34 输出断相的检测

2. 输出断相的检测

如图 4-34 所示，三相半波整流后的合成信号如曲线①所示，经二极管 $VD_3 \sim VD_5$ 钳位后，变成了如曲线②所示的平顶脉波，又经电容器 C_0 将直流分量隔离后，变成了如曲线③所示的脉冲波。再经运算放大器 A 放大后变成了如曲线④所示的反相脉冲波。CPU 将对每一个周期内的脉冲进行计数，并由此判断是否断相。

4.5.2 接地的判断与保护

1. 利用三相合成电流判断

运算放大器 A_1 接成加法电路，将三相交变电流的信号相加，如图 4-35 所示。

正常情况下，电动机的三相电流是平衡的，A 点的合成信号 u_A 以及放大器 A_1 的输出信号 u_B 都等于 0。但 A_2 的同相输入端的电位大于 0V，故 A_2 的输出端是高电平；A_3 的反相输入端的电位小于 0V，故 A_3 的输出端也是高电平。

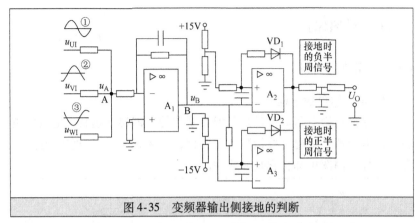

图 4-35　变频器输出侧接地的判断

当有一相接地时，三相电流必不平衡，其合成电流必大于 0，u_A 和 u_B 都增大，信号 u_B 同时输出到运算放大器 A_2 的反相输入端和 A_3 的同相输入端，A_2 和 A_3 都接成有回差的比较电路。当 u_B 的负半周增大时，A_2 的输出端变成低电平；而当 u_B 的正半周增大时，A_3 的输出端变成低电平。总之，当输出电压 U_O 变成低电平时，就说明有一相接地，或发生了其他故障。

2. 利用三相合成磁场判断

如图 4-36 所示，将变频器的三根输出线以同样的方法同时缠绕在同一个霍尔传感器的高频磁心上。则当三相电流平衡时，磁心内的合成磁场等于 0，霍尔芯片上的霍尔电压也等于 0。当变频器的输出线有一相接地时，三相电流必不平衡，合成磁场不等于 0，霍尔芯片有霍尔电压输出，经运算放大器 A 放大后输出到 CPU。

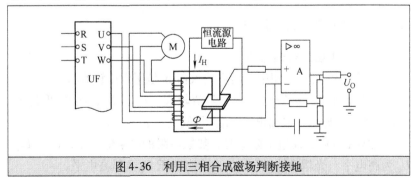

图 4-36　利用三相合成磁场判断接地

4.6 过热保护

4.6.1 温度的检测

1. 半导体热敏电阻

半导体热敏电阻通常都是负温度系数的，即温度越高，电阻值越小。其电阻值是随温度按指数规律变化，图4-37a所示是它的电阻 – 温度特性。由图可知，它是非线性的。

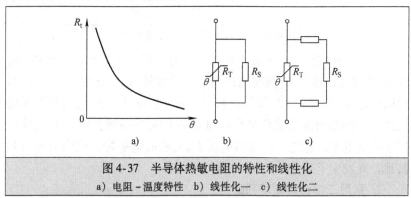

图4-37 半导体热敏电阻的特性和线性化

a）电阻 – 温度特性 b）线性化— c）线性化二

2. 热敏电阻的线性化

在对测量的准确度要求较高的场合，常常需要使电阻 – 温度特性线性化。图4-37b所示是最简单的线性化电路，当并联电阻 R_S 等于热敏电阻标称值的35%时，可以得到比较满意的线性化效果。图4-37c所示是合成电阻方式。

4.6.2 热敏电阻的过热保护

1. 热敏电阻的过热保护

如图4-38所示。图中，运算放大器 A 是用作比较器的。

正常情况下，热敏电阻的电阻值较大，$U_A > U_B$，U_C 为低电平，光耦合器 PC 导通，输出电压 U_O 也是低电平。

当温度升高，超过上限值时，热敏电阻的电阻值减小，$U_A < U_B$，U_C 为高电平，光耦合器 PC 截止，输出电压 U_O 也是高电平。

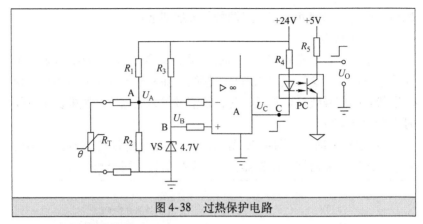

图 4-38 过热保护电路

2. 采用临界热敏电阻

临界温度热敏电阻（CTR）也叫温度继电器，其特点是温度低于临界温度时，电阻值很大，相当于继电器断开；而当温度上升到高于临界温度（如 85℃）时，电阻值急剧下降，相当于继电器闭合，如图 4-39a 所示。控制电路如图 4-39b 所示，CTR 串联在光耦合器的发

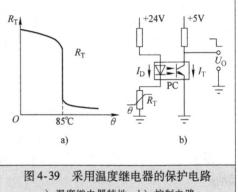

图 4-39 采用温度继电器的保护电路
a）温度继电器特性 b）控制电路

光二极管电路里。当温度低于临界温度时，因为电阻值很大，光耦合器里发光二极管的电流几乎为 0A，光电晶体管处于截止状态，输出电压为高电平；当温度高于临界温度时，因为电阻值急剧下降，光耦合器里发光二极管导通，光电晶体管处于饱和导通状态，输出电压为低电平。

4.6.3 风扇的控制

变频器需要用风扇来散热，一旦风扇发生故障，内部温度必升高。所以，当风扇发生故障时，变频器将进行过热保护。变频器所用风扇，有直流风扇和交流风扇两种，分述如下：

1. 直流风扇

在中、小容量变频器中，常配用直流 24V 或 15V 的小风扇，由开关电源供电。这种直流风扇有三根线，除两根电源线外，还有一根风扇状态的信号线。正常运行时，该信号线为低电位，风扇发生故障时，变为高电位。

1）温控起动　如图 4-40 所示，PC$_1$ 是集成温度传感器，正温度系数。运算放大器接成比较器方式，温控信号从同相端输入。

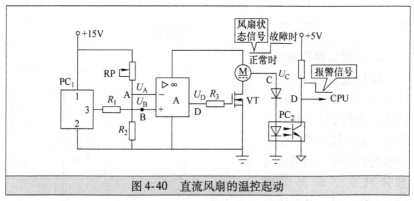

图 4-40　直流风扇的温控起动

温度较低时，$U_B < U_A$，U_D 为低电平，VT 截止，风扇不起动。

温度上升到设定值时，$U_B > U_A$，U_D 为高电平，VT 导通，风扇起动。

风扇正常运行时，C 点为低电位，光耦合器 PC$_2$ 处于截止状态，D 点是高电位。当风扇发生故障时，C 点变成高电位，PC$_2$ 的发光二极管得到电流，光电晶体管饱和导通，D 点变成低电位，输出到 CPU。

2）CPU 起动　有的变频器里直流风扇的起动与停止，是由 CPU 控制的，如图 4-41 所示。

CPU 未发出通风指令前，输入端 A 为低电位，晶体管 VT$_1$ 和光耦合器 PC$_1$ 都处于截止状态，B 点为高电位，VT$_2$ 截止，风扇 M 不动。

当 CPU 就发出通风指令后，A 点为高电位，晶体管 VT$_1$ 导通，

光耦合器 PC_1 的发光二极管有电流，光电晶体管饱和导通，B 点变为低电位，VT_2 导通，风扇 M 运行。

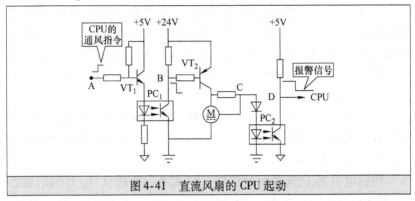

图 4-41　直流风扇的 CPU 起动

2. 交流风扇

　　大容量变频器常常配用 220V 的交流风扇。风量大，寿命也较长。但须同时配置 380/220V 的变压器，如图 4-42a 所示。正常运行时，继电器 KA 处于得电状态。当熔断器 FU 熔断时，KA 线圈失电，其触点将发出故障信号。

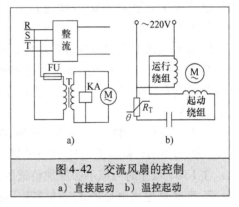

图 4-42　交流风扇的控制
a）直接起动　b）温控起动

　　交流风扇也可以进行温度控制，如图 4-42b 所示，在起动绕组的电路里串联临界温度热敏电阻（CTR），温度较低时，R_T 很大，起动绕组里电流十分微小，电动机不能起动；当温度上升到设定值时，R_T 迅速减小，风扇起动。

小　　结

　　1. 变频器的内部控制电路主要包括：以 CPU 为核心的主控电路、开关电源、采样与检测电路和输入、输出电路等。

　　2. 主控电路的任务：进行正弦脉宽调制和矢量变换等计算，接收用户的操作指令，对采样到的运行数据进行整理和判断，并输出变频器当前状态的相关信号。

3. 开关电源为变频器的控制电路和 IGBT 管的驱动电路提供稳压直流电源。变压器的一次侧是占空比可调的高频脉冲电压，由脉冲变压器变压，从而摒弃了笨重的铁心而采用轻盈的高频磁心。它通过改变脉冲的占空比而实现稳压，执行器件处于开关状态，因而使稳压过程中的功耗大为减少。

4. IGBT 驱动电路的特点：为了保证能够迅速地从截止状态转换为饱和导通状态，驱动电压为 12~20V；而从饱和导通状态迅速地截止，驱动电压为 -15~-5V。

栅极电阻 R_G 的选择十分重要，R_G 太大，会延长 G、E 间结电容 C_{GE} 的放电时间，从而延长关断时间；R_G 太小，在 IGBT 关断过程中，因为电压变化率很大，du/dt 将通过 C、E 间的结电容 C_{CG} 作用到栅极，使 IGBT 误导通。

5. 驱动模块具有过电流保护功能，是通过测量 IGBT 的管压降来判断是否过电流或发生短路的。正常情况下，IGBT 在饱和导通时的管压降 U_{GE} 应该在 3V 以下，如果达到或超过 7V，就认为发生了过电流或短路故障。

6. IPM 是将 IGBT 及其续流二极管和驱动模块集成到一起的智能模块。因为 IGBT 和驱动电路之间的距离很短，所以抗干扰能力很强，在 IGBT 截止时可以不必施加负偏压。

7. 变频器输出电流的采样大多利用霍尔传感器。霍尔传感器的要点：有一个恒定的激励电流，使被测电流产生的磁场垂直于激励电流，则在霍尔芯片的两侧得到和磁场成正比的霍尔电压。

8. 电动机的三相绕组是对称的，所以从变频器输出到电动机的三相电流是平衡的。在正常情况下，三相电流信号相加的结果将等于0，在变频器中常以此来判断电动机的运行是否正常。

如果将三相电流信号先整流后再相加，则所得结果将反映变频器输出电流的大小。

9. 在进行过电流保护时，基准值分成两档：当实测电流超过较低的基准信号时，变频器只发出过载信号，但不跳闸；而当实测电流超过较高的基准信号时，变频器将立即跳闸，进行保护。

10. 变频器的接地保护主要是通过将三相电流的信号进行合成，或将三相电流的磁场进行合成，如果合成的结果不为 0，说明发生了接地故障。

11. 变频器在运行过程中，直流电压是经常变动的，有时甚至能超过上限值。所以，对电压的检测，主要是检测直流电压。进行电压保护时，基准值也分成两档：当实测电压超过较低的基准信号时，变频器将接通制动单元，使电容器能够向制动电阻放电，但不跳闸；而当实测电压超过较高的基准信号时，变频器将立即跳闸，进行保护。

12. 电源断相可通过对比三相全波整流和单相全波整流后直流电压的差异来检查。

变频器输出侧的断相，常常是某一桥臂上的逆变管损坏的结果，和电源的断相并不相同。检测方法大多通过测量输出电流或输出电压的脉冲数，由 CPU 进行计数和判断。

13. 变频器对温度的检测和保护有三种方法：

1）通过模块内置的半导体热敏电阻进行测量，因为热敏电阻靠近 IGBT 的管芯，故最为准确。

2）通过安置在散热板上的温度继电器进行保护。

3）通过对风扇运行状态的检测进行保护。

复习思考题

1. 变频器的控制电路由哪几部分组成？
2. 脉冲变压器的一次脉冲是单极性的，为什么二次脉冲却是双极性的？
3. 变频器的开关电源有什么特点？
4. IGBT 对驱动电路有什么要求？
5. 栅极电阻的大小对 IGBT 的工作有什么影响？
6. 驱动电路的构成有什么特点？
7. 驱动模块怎样进行过电流保护？
8. 什么是霍尔效应？霍尔传感器怎样构成？
9. 怎样进行过电流的判别？
10. 变频器怎样检测直流电压？
11. 变频器怎样进行过热保护？

第 5 章 ▶▶▶▶▶

变频器的应用技术

变频器的应用技术主要包括两个方面：第一个方面是功能预置。当代变频器往往有数百种功能，常用的功能也有数十种。单就起动和加速而言，就有起动频率、起动频率持续时间、起动前直流制动、加速时间、加速方式等。所有这些功能，用户都必须根据生产机械的工作特点进行预置。第二个方面是利用变频器的接线端子构建控制电路。

5.1 变频器的面板和功能预置

变频器面板上的主要部件是显示屏和键盘，是使用者操作变频器时必须熟悉和掌握的重要部件。

5.1.1 数据显示屏

数据显示屏采用发光二极管（LED）显示，是几乎所有变频器都配置的，为用户提供各种数据的重要部件，如图 5-1 所示，其主要的显示内容如下：

1. 显示运行频率

在变频器运行过程中，通常都显示当前的运行频率。

2. 查看其他运行数据

如查看变频器运行过程中的电压、电流等。

3. 显示功能代码

当变频器处于编程状态时，显示屏将显示功能码和数据码。

4. 显示故障原因

当变频器因发生故障而跳闸

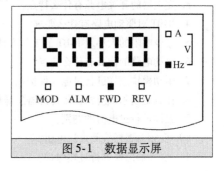

图 5-1 数据显示屏

时，显示屏将显示故障代码。

5. 其他显示

如图 5-1 所示，在显示屏的旁边，有单位显示，如显示 Hz、A、V 等；在显示屏的下面，显示当前变频器的运行状态，如 FWD（正转）等。

5.1.2 液晶显示屏

现在，许多变频器都配置了能显示 4 行 13 字的液晶显示屏（LCD）。不同品牌变频器配置的 LCD 差异很大，现大致介绍显示功能如下：

1. 运行状态显示

如图 5-2a 所示，它表示变频器正在运行（RUN）状态，电动机正转（FWD）。

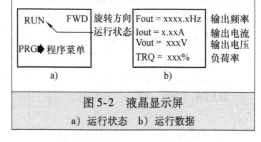

图 5-2 液晶显示屏
a) 运行状态 b) 运行数据

2. 运行数据显示

如图 5-2b 所示，它同时显示了频率、电流、电压和负荷率。

5.1.3 变频器的键盘配置

当代变频器都具有十分强大的功能，用户须根据生产机械的特性和要求事先对各种功能进行预置，如选择控制方式、加减速时间等不同变频器的键盘配置大同小异，只是所用符号差异较大。举例如下：

1. 国产变频器示例

1）艾默生 EV1000 变频器　如图 5-3 所示，各键功能如下：

PRG 键——模式转换键。从运行模式切换成编程模式，或反之。

FUNC/DATA 键——读出与写入键。在编程模式下，当已经找到

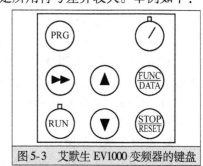

图 5-3 艾默生 EV1000 变频器的键盘

相关的功能码时，按此键，可读出该功能码内的原有数据；当数据进行修改后，按此键，则将修改后的数据写入，以确认修改后的数据有效。

▲键和▼键——在运行模式下，用于频率的增、减；在编程模式下，用于修改功能码和数据码。

▶▶键——移位键。

RUN——运行键。当功能预置为键盘操作有效时，按此键，变频器的输出频率即按预置的升速时间上升至上次停机前的运行频率，或新预置的频率。

STOP/RESET 键——停止、复位键。在运行过程中，按此键，则变频器的输出频率将按预置的降速时间下降至 0Hz；当变频器发生故障又修复后，在重新运行前，须按此键，使变频器复位。

2）英威腾 CHF100 变频器　如图 5-4 所示，各键功能如下：

PRG/ESC 键——用于切换工作模式（运行模式或编程模式）。

DATA/ENT 键——读出、写入键。

▲键和▼键——在运行模式时，用于增、减给定频率；在编程模式下，用于更改功能码或数据码。

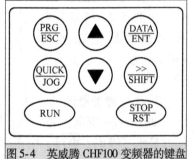

图 5-4　英威腾 CHF100 变频器的键盘

DATA/ENT + QUICK/JOG 键——用于左移更改显示屏的运行数据。

▶▶/SHIFT 键——用于右移更改显示屏的运行数据；在编程模式下，用于选择数据的修改位。

RUN 键——运行键。

STOP/RST 键——当变频器正在运行时，向变频器发出停机指令；当变频器发生故障并修复后，用于使变频器复位。

2. 进口变频器示例

1）安川 G7 变频器　如图 5-5

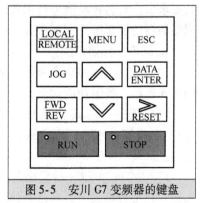

图 5-5　安川 G7 变频器的键盘

所示，各键功能如下：

① LOCAL/REMOTE 键——用于切换控制方式（面板控制或外接端子控制）。

② MENU 键——模式切换键。

③ ESC 键——返回键，返回至前一种状态。

④ JOG 键——点动运行键。

⑤ FWD/REV 键——正、反转切换键。

⑥ >/RESET 键——在编程模式下用于移动数据码的更改位；当变频器发生故障并修复后，用于复位。

⑦ ∧键和∨键——在运行模式时，用于增、减给定频率；在编程模式下，用于更改功能码或数据码。

⑧ DATA/ENTER 键——读出/写入键。

⑨ RUN 键——运行键，向变频器发出运行指令，仅在键盘运行方式时有效。

⑩ STOP 键——停止键，向变频器发出停止指令，仅在键盘运行方式时有效。

2）西门子 MM430 变频器如图 5-6 所示，各键功能如下：

① │ 键——按此键，电动机将按预置的加速时间起动。

② ○ 键——按此键，电动机将按预置的减速时间停机。

③ Hand 键——手动方式，用于键盘控制或端子控制。

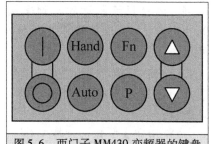

图 5-6　西门子 MM430 变频器的键盘

④ Auto 键——自动方式，用于端子控制或接口控制。

⑤ Fn 键——用于切换显示内容，当变频器发生故障后的复位。

⑥ P 键——用于切换模式，读出和写入数据码。

⑦ △键和▽键——在运行模式时，用于增、减给定频率；在编程模式下，用于更改功能码或数据码。

5.1.4　变频器的功能预置

1. 功能预置的概念

1）功能预置的目的　是使变频调速过程尽可能地与生产机械的特性和要求相吻合，使变频拖动系统运行在最佳状态。例如：

根据拖动系统的惯性大小以及对起、制动时间的要求，预置升、降速时间和方式；根据负载的机械特性选择控制方式等。

2）功能码　表示各种功能的代码。例如，在森兰 BT40 系列变频器中，功能码"F01"表示频率给定方式；在富士 G11S 变频器中，功能码"H07"表示升、降速方式等。

3）数据码　表示各种功能所需设定的数据或代码，有以下几种情形：

直接数据：如最高频率为 60Hz，升速时间为 20s 等。

间接数据：如第"5"档 U/f 线等。

2. 功能预置流程

以艾默生 TD3000 系列变频器为例，欲将直流制动起始频率从 0s 提升至 20s，预置步骤如图 5-7 所示。

1）按"PRG"键　进入编程模式，首先进入 F0（基本功能）功能组。

2）按"▲"键或"▼"键找出需要预置的功能组"F2"。

3）按"FUNC/DATA"键进入 F2 功能组，显示屏显示"F2.00"。

4）按"▲"键或"▼"键找到直流制动起始频率的功能码 F2.09。

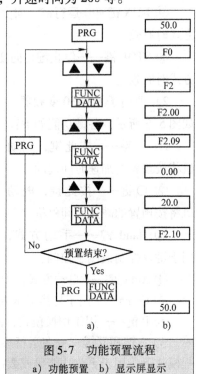

图 5-7　功能预置流程
a）功能预置　b）显示屏显示

5）按"FUNC/DATA"键，读出该功能码中的原有数据码。

6）按"▲"键或"▼"键，将数据码修改为"20.00"。

7）按"FUNC/DATA"键，写入新数据码。显示屏显示下一个功能码"F2.00"。

8）如功能预置尚未结束，则按"PRG"键，返回至第 2 步，寻找下一个需要修改的功能组。

9）如功能预置已经结束，则连续按"PRG"键和"FUNC/DATA"键，转为运行模式。

5.2　变频器的外接主电路

5.2.1　主电路的接线端子

1. 输入侧的端子

如图 5-8a 所示，L1、L2、L3 是三相电源线；R、S、T 是变频器的电源接线端子。

2. 输出侧的端子

U、V、W 是和电动机相接的输出端子。

3. 直流回路的端子

如图 5-8b 所示，P$_1$ 是整流桥整流后，又经限流电路之后的接线端子，P 是直流回路的"+"端。P$_1$ 和 P 之间在出厂时有铜片

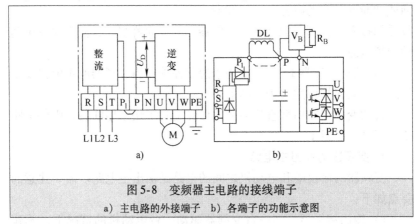

图 5-8　变频器主电路的接线端子

a）主电路的外接端子　b）各端子的功能示意图

相接，用户需要接入直流电抗器时，应将铜片拆除，将电抗器接在 P_1 和 P 之间。

N 是直流回路的"－"端，P 和 N 之间可以接入制动单元和制动电阻。

PE 是接地端。

5.2.2 外接主电路

1. 变频器的输入主电路

从电源到变频器之间的电路是输入主电路，如图 5-9 所示。主要配置如下：

1）断路器 Q 除了为变频器接通电源外，还有如下作用：

① 隔离 当变频器需要检查或修理时，断开断路器，使变频器与电源隔离。

② 保护 断路器具有过电流保护和欠电压保护等保护功能。能有效地对变频器电路进行短路保护及其他保护。

2）输入接触器 KM 用于接通或切断变频器的电源。可以和变

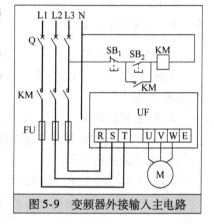

图 5-9 变频器外接输入主电路

频器的报警输出端子配合，当变频器因故障而跳闸时，使变频器迅速地脱离电源。

3）快速熔断器 FU 主要用于短路保护。当变频器的主电路发生短路时，其保护作用快于断路器。

有的变频器在内部直流回路内已经配置了快速熔断器，则外电路中就不必再配置了。

2. 变频器的输出主电路

变频器的输出端和电动机之间的电路是输出主电路。需要注意的要点如下：

1）输出接触器 在一台变频器驱动一台电动机的情况下，不建

议接入输出接触器，如图 5-10a 所示。如果输出侧接入了接触器，有可能出现变频器的输出频率从 0Hz 开始上升时，电动机却因接触器未闭合而并不起动，等到输出侧接触器闭合时，变频器已经有较高的输出频率了，从而构成电动机在一定频率下的直接起动，导致变频器因过电流而跳闸。

但在某些场合，变频器的输出侧又不可避免地需要接入接触器。例如，变频运行需要和工频运行进行切换的场合，当电动机工频运行时，必须使电动机首先与变频器脱离，这就需要用输出接触器了，如图 5-10b 所示。又如，当一台变频器与多台电动机相接时，则各台电动机必须单独通过接触器与变频器相连，如图 5-10c 所示。

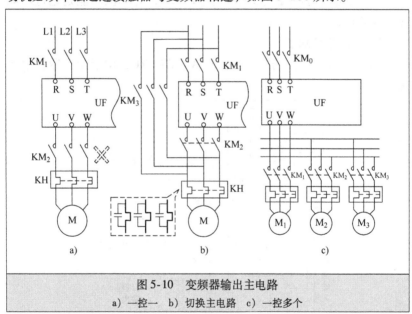

图 5-10　变频器输出主电路
a) 一控一　b) 切换主电路　c) 一控多个

2）热继电器　在一台变频器驱动一台电动机的情况下，因为变频器内部具有十分完善的热保护功能，所以没有必要接入热继电器。但在上述需要接输出接触器的场合，热继电器也应该接入。需要注意：因为变频器的输出电流中存在高次谐波成分，为了防止热继电器误动作，在热继电器的发热元件旁，应并联旁路电容，使高次谐波电流不通过发热元件，如图 5-10b 所示。

5.3 变频器的外部控制电路

5.3.1 外部控制端子的配置

1. 输入信号端子

如图 5-11a 所示：

1）给定输入端　端子 AVI 是电压输入端，ACI 是电流输入端。

2）基本控制端　主要有正转端子 FWD，反转端子 REV，复位端子 RST 等。

3）可编程输入端　如图中之 X1～X7，它们的功能是通过功能预置决定的。

2. 输出信号端子

1）报警端子　如图中之端子 TA、TB、TC，用于变频器发生故障时的报警。

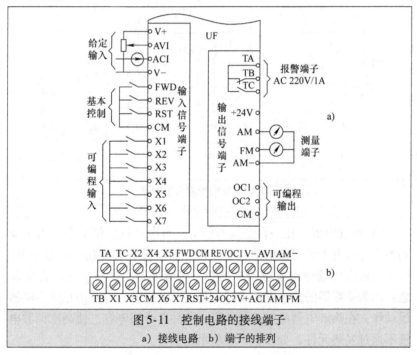

图 5-11　控制电路的接线端子

a）接线电路　b）端子的排列

2）测量端子　如图中之 AM 和 FM，用于外接电流、频率等测量仪表。

3）可编程输出端　如图中之 OC1、OC2，它们的功能是通过功能预置决定的。

5.3.2　模拟量输入信号

变频器里的模拟量输入信号主要是频率给定信号，或者是 PID 控制时的目标信号和反馈信号。它有如下的基本特点：

1. 模拟题信号类别

模拟量输入信号可以是电压信号，也可以是电流信号。如图 5-12b 中，AVI 是电压输入信号端子，ACI 是电流信号输入端子。

2. 常规信号范围

电压信号范围有：0～5V、0～10V、1～5V 和 2～10V 等，用得较多的是 0～10V；

电流输入信号的范围有：0～20mA 和 4～20mA，用得较多的是 4～20mA。

3. 输入信号的扩展

1）输入端子变频器根据需要，也可以设置两个或多个模拟量的输入端，各输入端的信号可以互相叠加。

2）电压信号范围　可以是 ±10V。当输入电压为 −10～0V 时，电动机将反转。

5.3.3　模拟量输入电路

变频器内部的 CPU 只能接受 0～5V 的电压信号。所以模拟量输入电路的任务，是将变频器的各种模拟量输入信号都转换成 0～5V 的电压信号。

1. 电压信号输入电路

以 0～10V 输入电路为例，首先利用电阻 R_1 和 R_2 将输入电压进行分压，得到 0～5V 的信号电压，又经运算放大器 A 放大后，输入给 CPU，如图 5-12b 中之虚线框①所示。

2. 电流信号输入电路

电流信号主要来源于控制系统中的传感器，其电流信号范围大多是4~20mA。输入电路的主要任务：

1）信号类别的转换　因为电流信号的上限值是20mA，所以只要让电流信号通过250Ω电阻。就可以将4~20mA的电流信号转换成1~5V的电压信号了。

2）电压下限的转换　将下限值1V转换成0V。这里可以分为3个步骤，如图5-12b中的虚线框②所示。

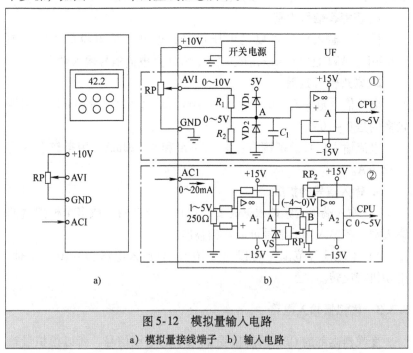

图5-12　模拟量输入电路

a）模拟量接线端子　b）输入电路

第一步，首先将1~5V的电压信号输入到运算放大器A_1的反相端，在A_1的输出端A点得到−5~−1V的电压信号。

第二步，通过稳压管VS和电位器RP得到+1V电压，并在B点合成为−4~0V的电压信号。

第三步，由运算放大器A_2反相并略加放大，在C点得到0~5V的电压信号。

5.3.4　模拟量输入的扩展

1. 有极性的给定信号

如图 5-13 所示，电位器跨接在 + 10V 和 − 10V 之间，AI1 上得到的给定信号是可正可负的，当给定信号为 − 10 ~ 0V 时，电动机将反转。在这种情况下，变频器须预置"有效零"功能，如图 5-13b 中的 ΔX 所示。这是因为电位器在零速时

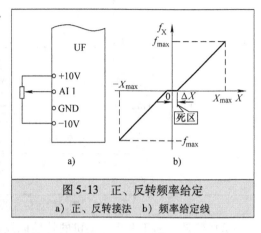

图 5-13　正、反转频率给定
a）正、反转接法　b）频率给定线

的位置很难找准。操作者以为转速已经等于 0 了，实际上可能比 0 大了一点，或小了一点，机器还在缓慢地转动，而人却感觉不出来，这是很危险的事情。为了避免这种情况的出现，应该预置"有效零"功能，即给定信号在接近 0 的一个小区间（ $\pm \Delta X$ ）内，变频器的输出频率都等于 0Hz，如图 5-13b 所示。

2. 辅助给定信号

变频器可以设定两个或多个给定信号输入端，如图 5-14 中的 VI1 和 VI2 所示。在这种情况下，必有一个是主给定端，另一个是辅助给定端。当端子 VI1 和 VI2 上都有给定信号时，两者之间将是叠加的关系，即两个信号将相加或相减。

今以两个单元联动为例，图 5-14 中，M_1 是主令单元的电动机，M_2 是从动单元的电动机，两个单元之间要求同步，即线速度应该一致（ $v_1 = v_2$ ）。

这里使用了一个正、负同时可调的稳压直流电源，如图中之 DW。

1）统调　将两台变频器的主给定端（VI1）都接到 0V 和 + 10V 之间。则调节电位器 RP_1 ，DW 的输出电压改变，两台变频器的输出频率同时改变。

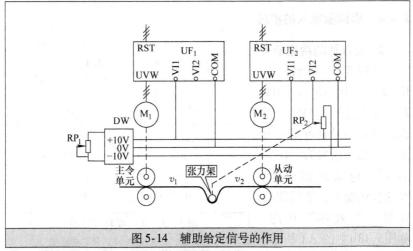

图 5-14　辅助给定信号的作用

2）微调　由于两台电动机的特性以及各单元传动装置的特性都不可能完全一致，当两个单元的线速度有差异时，就应该通过电位器 RP_2 进行微调。如从动单元的线速度过快，则 RP_2 应调向电源的"–"侧，使 VI2 上的辅助给定信号为"–"，则变频器 UF_2 的合成给定信号将减小，电动机的转速下降，使从动单元的线速度减慢。

5.4　开关量输入电路

5.4.1　开关量输入端的接收电路

变频器外接输入端子的配置已在 5.3.1 节中进行了介绍，这里主要介绍其接收电路。

1. 开关量外控电路概要

变频器的外部开关量控制，大多采用继电器触点或按钮开关控制，如图 5-15a 所示。

2. 开关量控制的内部接收电路

以正转控制为例，当按钮开关 SB_1 的触点断开时，光耦合器 PC 的发光二极管无电流，光电晶体管处于截止状态，A_1 点为高电平，CPU 未得到输入信号。

当 SB_1 闭合时，光耦合器有电流，光电晶体管饱和导通，A_1 点降为低电平，CPU 得到有效信号。

将许多开关量输入电路都集合起来，如图 5-15b 所示。

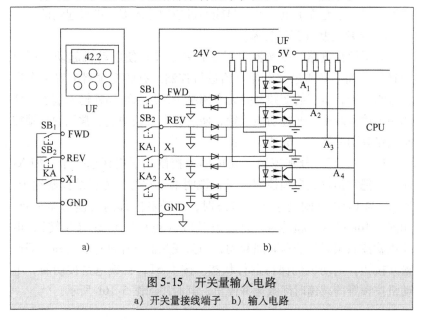

图 5-15 开关量输入电路

a）开关量接线端子 b）输入电路

5. 4. 2 电动机的起动控制

1. 上电起动

部分变频器控制电路的电源是接到主接触器前面，不受主接触器控制的。只要断路器 Q 闭合，控制电路就已经通电了。在变频器接通电源之前，控制电路早已做好准备工作了。对于这类变频器，可以通过接通电源直接起动电动机，称为"上电起动"。

2. 端子起动

大部分变频器的控制电路并无独立的电源，其控制电路是和变频器同时通电的。这类变频器在接通电源时，控制电路也刚开始通电。而控制电路从接通电源到正常工作，须有两个过渡过程：

1）开关电源的起振和稳压过程。

2）CPU 电源的充电过程。因为 CPU 对电源的稳定性要求很高，所用滤波电容的电容量较大，故充电的时间常数较长。当电压充电到

CPU 正常工作前的临界状态时，CPU 的工作有可能是紊乱的，并可能导致变频器工作的不正常，严重时甚至损坏变频器。所以，这类变频器一般是不允许上电起动，只能通过控制输入端子进行起动的。

3. 自锁控制（三线控制）

为了简化电路，变频器设置了自锁功能，使电动机起动后可以"自锁"，而不必通过继电器电路进行控制。有的变频器配置了专用的自锁端子，也有的变频器并无专用端子，须从可编程输入端子中任选一个输入端子，通过功能预置，使之具有自锁功能。常见的自锁控制电路有两种接法，分述如下：

1）正、反向分别控制 在可编程控制端子内任选一个，如 X_1 端子，把它预置成自锁控制端子，说明书上常常称为三线控制端子，当 X_1 与 COM 之间处于接通状态时，变频器内部的自锁功能有效，如图 5-16a 所示。起动时，只需按下 SF（正转）或 SR（反转），电动机就按照预置的加速时间起动，因为变频器已经进行了自锁，即使松开按钮，电动机仍保持运行状态。按下 ST，自锁电路被切断，电动机按预置的减速时间减速并停机，其时序如图 5-16b 所示。

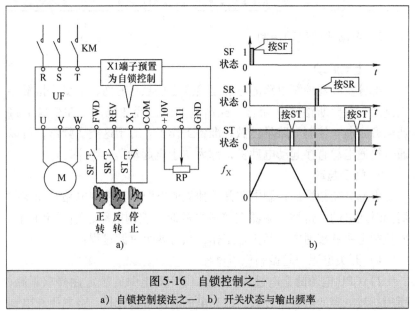

图 5-16 自锁控制之一
a）自锁控制接法之一   b）开关状态与输出频率

2）正、反向切换控制　接法如图 5-17a 所示，变频器自锁功能的是否有效，也取决于 X_1 与 COM 之间的通和断。但正、反转起动却共用一个起动按钮 SF，当预置了自锁控制功能后，原来的反转输入端 REV 变为电动机旋转方向的切换端子了，当转换开关 SA 断开时为正转，接通时为反转。

如按下 ST 时，自锁电路被切断，电动机按预置的减速时间减速并停机。其时序如图 5-17b 所示。

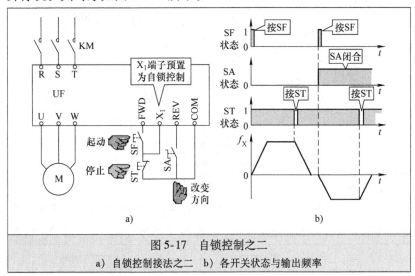

图 5-17　自锁控制之二

a）自锁控制接法之二　b）各开关状态与输出频率

5.4.3　升、降速端子的应用示例

1. 升速端子和降速端子

变频器的可编程输入控制端子中，有两个端子，经过功能设定，可以作为升速和降速之用。如图 5-18 所示，如果将频率给定方式预置为"外接端子升、降速"方式的话，则可以在输入控制端子中任选两个端子（如图中之 X_1 和 X_2 端），将它们分别预置为"频率递增"和"频率递减"，则 X_1 和 X_2 端子具有如下功能：

①"X_1 – CM"接通（UP ON）→频率上升。

②"X_1 – CM"断开（UP OFF）→频率保持或回复至原来的频率。

③ "X_2 - CM" 接通 (DOWN ON)→频率下降。

④ "X_2 - CM" 断开 (DOWN OFF)→频率保持或回复至原来的频率。

如图 5-18b 所示。

升速和降速端子常写成 "UP/DOWN" 端子。

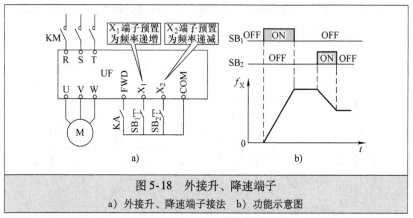

图 5-18 外接升、降速端子

a）外接升、降速端子接法 b）功能示意图

2. 代替电位器

1）代替方法 变频器外接端子的升速和降速功能可以代替电位器，如图 5-19 所示，把端子 X_1 预置为 "频率递增"，端子 X_2 预置

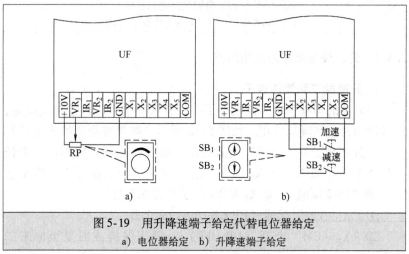

图 5-19 用升降速端子给定代替电位器给定

a）电位器给定 b）升降速端子给定

为"频率递减",则变频器输出频率的上升或下降,可由按钮开关 SB_1 和 SB_2 来控制。

2) 主要优点

① 寿命长　电位器容易磨损,而按钮开关则不易损坏。

② 调速精度高　电位器给定属于模拟量给定,非但本身的调频精度较低,在远距离控制时,容易受线路电压降的影响而进一步降低精度。升、降速端子给定是数字量给定,本身的调节精度较高,且在远距离控制时,不受线路电压降的影响。

③ 抗干扰能力强　因为升、降速端子给定的控制信号是开关信号,故抗干扰能力比模拟量给定强得多。

3. 两地或多地控制

在实际生产中,常常需要在两个或多个地点都能对同一台电动机进行升、降速控制。例如,某厂的锅炉风机在实现变频调速时,要求在炉前和楼上控制室都能调速等。

控制方法　比较简单的方法是利用变频器输入控制端子中的升速端子和降速端子实现。

图 5-20 所示,将变频器输入端子中的 X_1 和 X_2 分别预置为升速端子和降速端子。将两组按钮开关分别装在两个操作盒 CA 和 CB 内:

操作盒 CA 内装入按钮开关 SB_1、SB_2 和频率计 FA;操作盒 CB 内装入按钮开关 SB_3、SB_4 和频率计 FB。

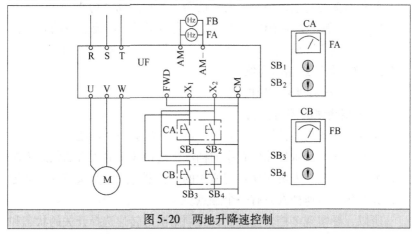

图 5-20　两地升降速控制

将 SB_1 和 SB_3 并联，用于控制升速端子 X_1。则不论按 SB_1 或按 SB_3，变频器都能升速；又将 SB_2 和 SB_4 并联，用于控制降速端子 X_2。则不论按 SB_2，或按 SB_4，变频器都能降速。

5.4.4 多档转速的控制

1. 功能要点

变频器的外接输入控制端子中，通过功能预置可以将若干个（通常为 2～4 个）输入端作为多档转速控制端。其转速的切换由外接开关器件的状态组合实现，转速的档次按二进制的规律组合，如图 5-21 所示。

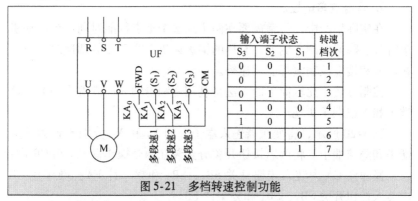

图 5-21　多档转速控制功能

在实施多档转速控制时，变频器需要预置两部分功能：

1）选择哪几个端子作为多档转速控制端子。需要注意的是被预置为"多档速 1"是二进制的低位，"多档速 2"是二进制的中间位，"多档速 3"是二进制的高位。

2）预置各档转速对应的频率。

2. 多档转速的控制要点

变频器在实现多档转速控制时，需要解决如下的问题：

一方面变频器每档输出频率的档次需要由 3 个输入端的状态来决定；另一方面操作人员切换转速所用的开关器件通常是按钮开关或触摸开关，每个转速档次只有一个触点。

所以，要实现多档转速控制，必须解决好转速选择开关的状态和变频器各控制端子状态之间的变换问题，如图 5-22 所示。

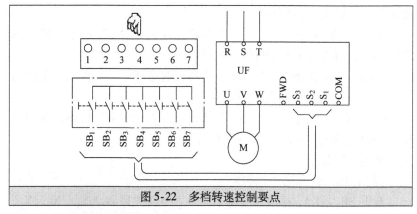

图 5-22　多档转速控制要点

3. 多档转速的控制方案

1）继电器控制　控制电路如图 5-23 所示，7 个按钮开关 $SB_1 \sim$ SB_7 分别控制 7 个小继电器 $KA_1 \sim KA_7$。这 7 个按钮开关是带机械联锁的，即任何一个按下后，其余 6 个都处于断开状态。继电器可选择 24V 的直流继电器，直接利用变频器提供的 24V 电源。应注意变频器电源的负载能力，例如森兰 SB70 系列变频器中，24V 电源所能提供的最大电流是 80mA，所以在选购继电器时，其线圈电阻必须大于 300Ω。

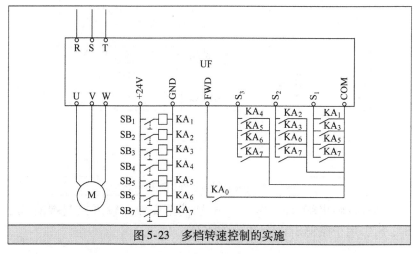

图 5-23　多档转速控制的实施

至于具体控制 X_1、X_2、X_3 的电路，先要找出各端子的规律：在图 5-23 的端子状态表中可以看出：

① 端子 X_1 在第 1、3、5、7 档转速时处于"1"状态，所以由 KA_1、KA_3、KA_5、KA_7 控制它的信号。

② 端子 X_2 在第 2、3、6、7 档转速时处于"1"状态，所以由 KA_2、KA_3、KA_6、KA_7 控制它的信号。

③ 端子 X_3 在第 4、5、6、7 档转速时处于"1"状态，所以由 KA_4、KA_5、KA_6、KA_7 控制它的信号。

举例说明如下：

例1：用户选择第 2 档转速

按下 SB_2→KA_2 得电→变频器的 X_2 得到信号→"X_3、X_2、X_1"的组合是"010"，为第二档转速。

例2：用户选择第 5 档转速

按下 SB_5→KA_5 得电→变频器的 X_3、X_1 得到信号→"X_3、X_2、X_1"的组合是"101"，为第 5 档转速。

2）PLC 控制　控制电路如图 5-24 所示，说明如下：

PLC 的输入端子 X_1 ~ X_7 分别与不自复按钮开关 SB_1 ~ SB_7 相接，用于接受 7 档转速的信号。

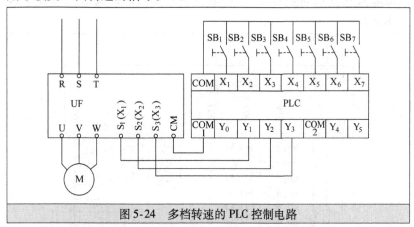

图 5-24　多档转速的 PLC 控制电路

PLC 的输出端 Y_1、Y_2、Y_3 分别接至变频器输入控制端的 S_1、S_2、S_3，用于控制 S_1、S_2 和 S_3 的状态。

根据图 5-21 中之端子状态表的规律，得到梯形图如图 5-25所示。

PLC 的输入端子 X_1、X_3、X_5、X_7 中只要有一个得到信号，则输出端子 Y_1 便有输出，使变频器的 S_1 端得到信号。

PLC 的输入端子 X_2、X_3、X_6、X_7 中只要有一个得到信号，则输出端子 Y_2 有输出，变频器的 S_2 端得到信号。

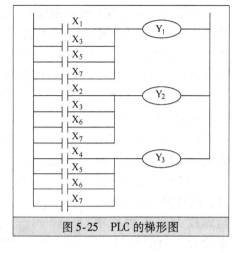

图 5-25　PLC 的梯形图

PLC 的输入端子 X_4、X_5、X_6、X_7 中只要有一个得到信号，则输出端子 Y_3 有输出，变频器的 S_3 端得到信号。

5.5　外接模拟量输出电路

变频器输出的模拟量信号主要是向外部仪表提供测量信号，如变频器的运行频率、输出电流、输出电压等。大多数变频器提供的都是与被测物理量成正比的 $0 \sim 10V$ 直流电压信号。

5.5.1　模拟量输出电路

1. 输出模拟量频率信号

频率信号直接由 CPU 提供。CPU 输出的是经 PWM 调制后的脉冲序列，脉冲的振幅值是 5V，如图 5-26 所示。

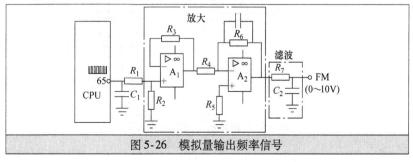

图 5-26　模拟量输出频率信号

运算放大器 A_1 接成电压跟随形式，对 CPU 输出的脉冲信号进行功率放大，然后由运算放大器 A_2 进行电压放大，将脉冲序列的振幅值放大到输出电压所需要的数值，然后经 R、C 滤波后得到与变频器的输出频率对应的 $0 \sim +10V$ 直流电压信号。

2. 输出运行参数

有的 CPU 内部已经进行了 D – A 转换，直接输出与被测物理量成正比的模拟量电压信号，则其输出端首先由运算放大器 A 进行功率放大，如图 5-27 所

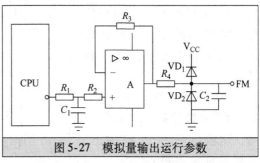

图 5-27 模拟量输出运行参数

示。如果变频器输出的模拟量信号范围是 $0 \sim 5V$，则电压跟随后，直接作为模拟量输出信号；如果变频器输出的模拟量信号范围是 $0 \sim 10V$，则电压跟随后，还需增加一级电压放大，将输出信号调整到所需要的范围。

5.5.2 模拟量输出的应用示例

1. 仪表的改装

大部分变频器的模拟量输出端子输出的都是 $0 \sim 10V$，市场上常买不到所需的频率表或电流表，只能买 $0 \sim 10V$ 的直流电压表，须将它的表盘修改成所需要的量程和单位，如图 5-28b 所示。

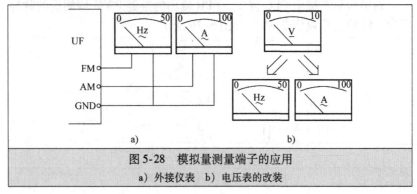

图 5-28 模拟量测量端子的应用

a）外接仪表 b）电压表的改装

2. 仪表的调整

市场上购买的 0 ~ 10V 的直流电压表，其满刻度的 "10V" 和变频器输出信号的 10V 常常不吻合。为此，变频器里设置了一个 "模拟量增益" 功能，可以任意调整输出端的电压或电流范围。

5.6　变频器的报警输出

5.6.1　报警输出电路

1. 保护信号的汇总

如图 5-29，运算放大器 A_1 接成 "或门"，将所有的保护跳闸信号（过电压、欠电压、过电流、过热、断相等）都接至或门的输入端，则不管哪个跳闸信号有效，A_1 都有输出。

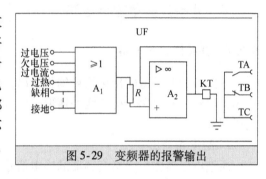

图 5-29　变频器的报警输出

2. 报警继电器动作

A_2 接成跟随电路，进行功率放大。则不论哪个保护信号有输出时，与 A_2 的输出端相接的内部继电器 KT 动作。

5.6.2　报警输出的外部控制

当变频器因发生故障而跳闸时，其报警输出继电器立刻动作：动断触点 "TB – TC" 断开；动合触点 "TA – TC" 闭合。

其作用有两个方面：

1. 切断变频器电源

如图 5-30，报警输出端的动断触点 "TB – TC" 是串

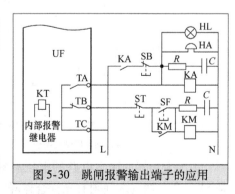

图 5-30　跳闸报警输出端子的应用

联在接触器 KM 的线圈电路中的 KM 的主触点用于接通变频器的电源。

当变频器的故障继电器动作时，"TB – TC" 断开，KM 的线圈失电，主触点断开，变频器切断电源。

2. 进行声光报警

当变频器的故障继电器动作时，"TA – TC" 闭合，指示灯 HL 和电笛 HA 发出声光报警。

操作人员闻讯赶到后，断开 KA，声光报警将停止。

5.7 外接开关量输出电路

5.7.1 开关量输出电路

变频器的开关量输出称为可编程输出，每个端子的具体功能由用户预置决定。其电路结构有两种情形：继电器输出和晶体管输出，分别说明如下：

1. 继电器输出

所谓继电器输出是指变频器的输出信号通过内部继电器的触点显示变频器的运行状态，其接线端子如图 5-31a 所示，当 CPU 有输出信号时，内部继电器 KP 得电。

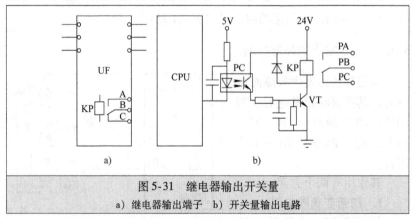

图 5-31 继电器输出开关量

a) 继电器输出端子 b) 开关量输出电路

因为变频器的输出电路的电压通常是 24V，而 CPU 的电源电压是 5V。所以两者之间须有光耦合器隔离。当 CPU 有信号输出时，光耦合器的发光二极管有电流，其光电晶体管的电流通入晶体管 VT，并使之饱和导通，继电器 KP 得电，其触点动作：常闭触点（PB – PA）断开，常开触点（PB – PC）闭合，如图 5-31b 所示。

2. 晶体管输出

所谓晶体管输出是指变频器的运行情况通过晶体管的状态显示，如图 5-32a 中之 VT 所示。

当 CPU 有信号输出时，光耦合器的发光二极管有电流，其光电晶体管的电流通入晶体管 VT，并使之饱和导通。这时，如果外电路有控制电路接入，该控制电路将因 VT 的导通而能够工作，如图 5-32b 所示。

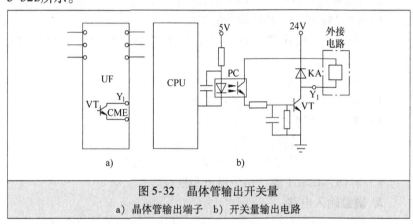

图 5-32 晶体管输出开关量

a）晶体管输出端子 b）开关量输出电路

5.7.2 应用举例

如 5.4.2 节所述，多数变频器是不允许"上电起动"的，需等控制电路的电源正常后才能起动。为了使起动条件得到保证，可以在可编程输出端子中选择一个端子，如图 5-33 的 Y_1，将其功能预置为"起动准备完毕"。则只有在控制电路的电源正常后，继电器 KA 才能得电，FWD 和 GND 之间闭合，

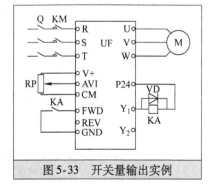

图 5-33 开关量输出实例

电动机正转起动。

5.8 变频器的面板电路

5.8.1 键盘输入电路

键盘是变频器面板上的重要部件，通过操作键盘，除了可以方便地调节电动机的转速外，变频器各种功能的预置也都通过操作键盘完成。

1. 键盘的结构

键盘是通过按键向变频器发出各种指令，每一个按键发出一种指令，如图 5-34a 所示。各键的功能如下：

1）MOD——模式转换键，用于切换"编程模式" "运行模式"等。

2）SET——确认键。

3）▲——升健，用于增大频率等。

4）▼——降健，用于减小频率等。

5）REV——反转键，用于电动机的反转起动。

6）FWD——正转键，用于电动机的正转起动。

7）STOP/RESET 键，用于停机和复位。

2. 键盘输入电路

键盘的每个键都是一个按钮开关。其输入电路就是将按键的信号

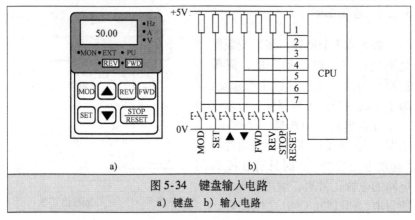

图 5-34 键盘输入电路

a）键盘 b）输入电路

输入给 CPU 的电路。如图 5-34b 所示，未按键时，各输入线均为高电位。当按下某个按键时，该输入线即转为低电位，CPU 就得到信号。

例如，当按下 FWD 键时，3 号线转为低电位，CPU 得到正转信号。

5.8.2　LED 显示电路

变频器的显示电路有三种情况：LED 显示屏和 LCD 显示屏。分述如下：

1. LED 显示

变频器中单独的 LED 显示有三种情况，如图 5-35 所示。

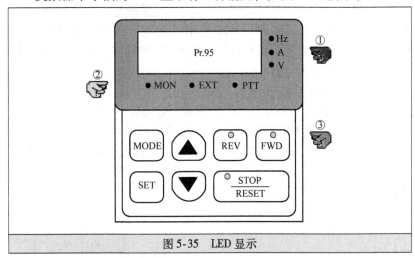

图 5-35　LED 显示

1）显示单位　说明显示屏上所显示的物理量的单位，如 Hz、A、V 等，如图中①手所示。

2）显示状态　即显示变频器当前的工作模式和状态，如编程模式、外部端子控制、闭环控制状态等，如图 5-35 中的②手所示。

3）显示操作键状态　显示各键的当前状态，如图 5-35 中之③手所示。

2. LED 的主要特点

1）接入直流电路　如图 5-36a 所示，电阻 R 用于限流，将通入

LED 的电流限制在允许范围内。这里应注意的是 LED 在导通时的管压降较大，通常大于 1.8V。所以，如果用万用表的低阻档测量它是否导通，是测不出来的。因为万用表低阻档的内部电池只有 1.5V，不能使 LED 导通。

2）接入交流电路　LED 的另一个特点：它的反向击穿电压很低，通常在十几伏以下。所以，当它接入交流电路时，必须串联一个普通二极管 VD$_1$，如图5-36b所示。

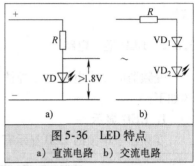

图 5-36　LED 特点
a）直流电路　b）交流电路

3. LED 在变频器中的应用电路

1）键盘指示　如图 5-37a 所示，PC 是双稳态集成电路，当按下 RUN 键时，PC 的 3 脚输出高电位，VD 亮，表示变频器正在运行；按下 STOP 键时，PC 的 3 脚翻转为低电位，VD 熄灭。

2）运行状态显示

运行状态的信号来自于 CPU，其输出电流较小，不足以使 VD 发光，通常用晶体管 VT 进行功率放大，如图 5-37b 所示。

3）闪烁显示　有的变频器在编程结束之后，让指示灯闪烁若干次，以询问编程是否已经结束。控制电路实际上是一个多谐振荡器，如图 5-37c 所示。

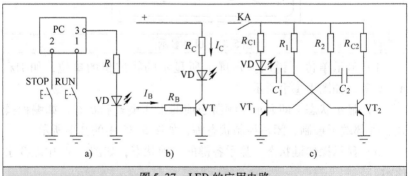

图 5-37　LED 的应用电路
a）键盘状态指示　b）状态显示　c）闪烁显示

5.8.3　LED 显示屏

1. LED 数码管

迄今为止，多数变频器的显示屏都由分段式发光二极管数码显示器构成，简称 LED 数码管。数码显示器由 7 个笔段构成，每一笔段都是一个 LED，7 个笔段分别标以 A、B、C、D、E、F、G，小数点为 DP，它们的引脚如图 5-38a 所示。

数字 0 到 9 的构成如图 5-38b 所示。7 段数码管也可以显示英语字母，但英语大写的 D 和 O 难以区分，大写的 B 和 8 也难以区分，所以数码显示器只能显示小写的 d 和 b。

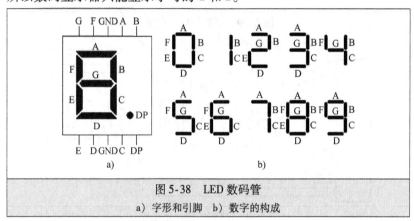

图 5-38　LED 数码管

a）字形和引脚　b）数字的构成

2. LED 的应用电路

LED 的应用电路有两种基本接法：

1）共阳极电路　各笔段 LED 的阳极连在一起，和电源的 " + " 端相接。它们的阴极接受 CPU 的控制，如图 5-39a 所示。

2）共阴极电路　各笔段 LED 的阴极连在一起，和电源的公共端（GND）相接。它们的阳极接受 CPU 的控制，如图 5-39b 所示。

3. LED 显示电路

图 5-40 所示，是三位数字的共阳极显示电路。每一位数字的工作特点：

1）电流变化大

在显示不同的数字时，通电的笔段数是不同的。例如，显示

"1"时，只有2个二极管通电，而显示"8"时，有7个二极管通电。所以，在显示不同的数字时，电流的变化是较大的。

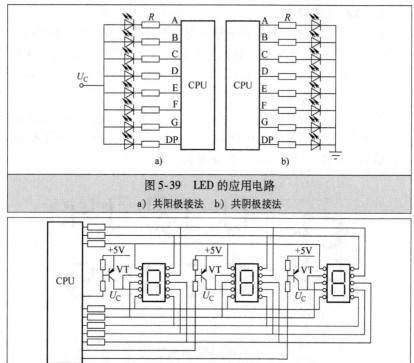

图 5-39　LED 的应用电路

a）共阳极接法　b）共阴极接法

图 5-40　变频器的显示电路

2）电流上限值较大

如上述，最多时有 8 个 LED（包括小数点）都有电流通过，总的电流比较大。

为了使电源电压在负载变动时保持稳定，将晶体管 VT 接成射极跟随方式，以减小输出阻抗，进行功率放大。

5.9　变频器的闭环控制

5.9.1　闭环控制的概念

1. 闭环控制的目的

以空气压缩机的变频调速系统为例，如图 5-41 所示，如果我们希望储气罐的压力保持在 1.2MPa，这 1.2MPa 称为目标压力。压力变送器上显示的是实际压力。闭环控制的目的就是要使储气罐输出的压力保持恒定：

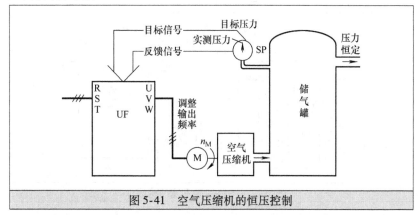

图 5-41　空气压缩机的恒压控制

当实际压力比 1.2MPa 低时，就加大变频器的频率给定信号（称为干预），提高变频器的输出频率，从而提高电动机的转速，加大空气压缩机产生的压缩空气，使储气罐的压力升高。

反过来也一样。当实际压力高于 1.2MPa 时，就进行干预，减小变频器的频率给定信号，降低变频器的输出频率，从而降低电动机的转速，减少空气压缩机产生的压缩空气，使储气罐的压力下降，这就是闭环控制。

2. 闭环控制的要素

1）目标信号与反馈信号　控制系统需随时比较实际压力与目标压力之间的差异，这就需要将实际压力与目标压力都转换成电信号。通常，将与目标压力对应的电信号称为目标信号，用 X_T 表示；将与实际压力对应的电信号称为反馈信号，用 X_F 表示，如图 5-42 所示。

两者之间的差异称为静差：

$$\Delta X = X_T - X_F \qquad (5-1)$$

式中　ΔX——目标信号和反馈信号之间的静差；

　　　X_T——目标信号；

　　　X_F——反馈信号。

2）闭环控制的目的　是力求使反馈信号与目标信号之间的差异接近于0：

$$\Delta X = X_T - X_F \approx 0$$

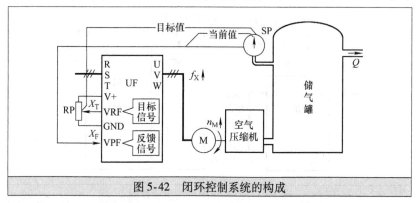

图5-42　闭环控制系统的构成

5.9.2　闭环控制的实施

要实施闭环控制，首先要将变频器预置为"闭环控制有效"。当闭环控制有效后，变频器将发生以下变化：

1. 模拟题量输入端子的功能

在变频器的模拟量输入端子中，主频率给定端子将变换成目标信号的输入端，如图中之 VRF 端所示，目标信号是根据用气需要人为地给定的；若干个辅助输入端中，任选一个作为反馈信号的输入端，如图中之 VPF 端所示，反馈信号是储气罐中实际压力的反映。

2. 信号的"单位"

图5-43 中，电位器上得到的是电压信号，而压力变送器的输出信号常常是电流信号，两者之间不能直接比较。为此，当"闭环控制有效"时，目标信号和反馈信号都用百分数表示。这里，目标信号的确定与变送器的量程有关。举例说明如下：

确定目标信号的基本原则是，当实际压力与目标压力相等时的反馈信号就等于目标信号。例如，如果压力变送器的量程是 2MPa，如图5-43a 所示。则当实际压力等于目标压力1.2MPa 时，因为1.2MPa是满刻度的60%，所以目标信号等于60%。

如果压力变送器的量程是 5.0MPa 的，如图 5-43b 所示。则 1.2MPa 是满刻度的 24%，所以当实际压力等于目标压力 1.2MPa 时，反馈信号等于 24%，那么目标信号也就是 24%。

所以相同的目标压力，如果压力变送器的量程不同，目标信号是不一样的。

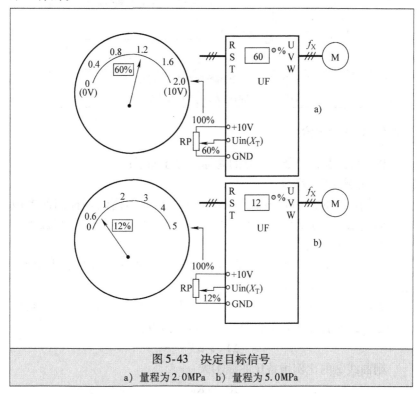

图 5-43　决定目标信号
a）量程为 2.0MPa　b）量程为 5.0MPa

3. 加减速的控制

当闭环控制有效时，变频器预置的加速时间和减速时间都失效，如图 5-44a 所示。实际输出频率的调整完全由 PID 的运算结果 Δ_{PID} 决定，如图 5-44b 所示。

如 $\Delta_{PID} = 0$，变频器的输出频率将不发生变化；如 $\Delta_{PID} > 0$，变频器的输出频率上升。Δ_{PID} 大，频率上升得快；如 $\Delta_{PID} < 0$，变频器的输出频率下降。Δ_{PID} 的绝对值大，频率下降得快。

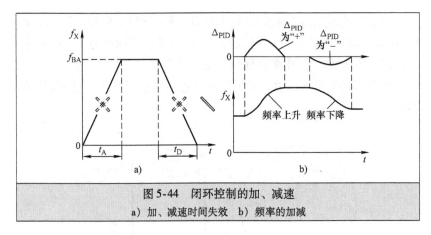

图 5-44 闭环控制的加、减速

a) 加、减速时间失效 b) 频率的加减

5.9.3 PID 的概念

PID 是比例、积分、微分的简称。分述如下：

1. 比例（P）环节

比例环节的作用是将静差 ΔX 放大，从而提高闭环控制的灵敏度。即使 ΔX 十分微小，本不足以干预变频器的输出频率，但放大后就具有了干预的能力。

1）变频器里的"P" 在变频器中，P 的含义就是放大倍数，也称比例增益，符号是 K_P。

如图 5-45a 所示，当自变量 X 改变增量 ΔX 时，曲线①的函数增量为 ΔY_1；而曲线②的函数增量为 ΔY_2。假设：

$$\Delta Y_2 > \Delta Y_1$$

则曲线②的比例增益比曲线①大：

$$K_{P2} > K_{P1}$$

2）其他控制器里的"P" 在其他的一些控制器里，如 PID 控制器、温度控制器等，P 的含义是"比例带"。其含义：在函数的变化范围相同的前提下，按比例变化的区间。比例增益大者，按比例变化的区间小，如图 5-45b 中之曲线②所示；反之，比例增益小者，按比例变化的区间大，如图 5-45b 中之曲线①所示，两者正好相反：

$$K_{P2} > K_{P1} \rightarrow P_2 < P_1$$

所以，K_P 和 P 在数值上是互为倒数的：

$$P = \frac{1}{K_P} \tag{5-2}$$

式中　P——比例带；

　　　K_P——比例增益。

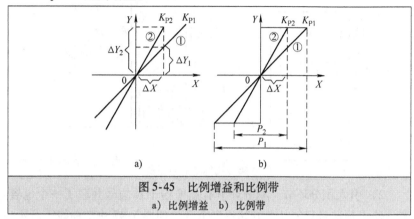

图 5-45　比例增益和比例带

a) 比例增益　b) 比例带

2. 积分（I）环节

1) 振荡的发生　比例增益越大，必然导致反应越快，灵敏度越高。而在整个控制系统中，存在着许多滞后环节。例如，电动机和压缩机运动系统存在惯性，压缩机产生压缩空气的滞后等。这些滞后环节的存在将导致系统的振荡。

如图 5-46，假如实际压力偏低了，$X_F < X_T$，$\Delta X = X_T - X_F$ 为"＋"，变频器的输出频率将上升。如 K_P 过大，干预信号 $K_P \Delta X$ 很大，使变频器的输出频率迅速上升，但电动机和空气压缩机的惯性使电动机转速的上升跟不上变频器输出频率的上升，再加上储气罐内压力的上升也需要有一个过程。因此，当 $K_P \Delta X$ 已经上升到目标信号 X_T 时，储气罐内的压力却未能及时地跟上来，$X_F < X_T$ 的状态未能及时地得到纠正，变频器的输出频率继续上升，储气罐内的压力将继续上升，超过了目标压力，处于超调状态，如 B 点所示。当压力变送器的指针超过了目标压力 p_T 时，$X_F > X_T$，$\Delta X = X_T - X_F$ 为"－"，变频器的输出频率将下降。因为 K_P 过大，干预信号 $K_P \Delta X$ 大，使变频器的输出频率迅速下降，储气罐内的压力 p_X 也逐渐下降。当 p_X 已经下降到目标压力 p_T 时，电动机和空气压缩机又没能"收住"转速下降的

"脚步"，压力变送器的反馈信号下降到了图 5-46 中之 C 点。如此反复变化的过程就是振荡。

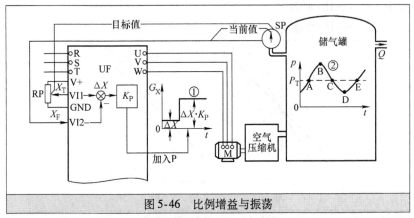

图 5-46　比例增益与振荡

2）引入积分环节　积分环节有点像给干预信号并联了一个电容器，使干预信号只能从 0 开始逐渐上升，如图 5-47 中的曲线①所示。和比例环节配合后，如图中的曲线②所示。从而可以消除振荡现象，如图中的曲线③所示。积分环节是通过调整积分时间进行调节的，积分时间有点像电容电路的时间常数。积分时间越长，相当于电容器的容量越大，干预信号变化得越缓慢。

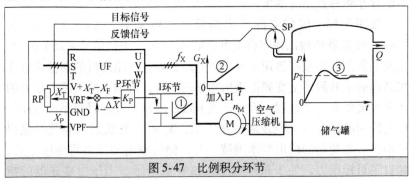

图 5-47　比例积分环节

3. 微分（D）环节

加入了积分环节后，变频器的干预信号就不那么灵敏了，而有的生产机械又要求能够迅速地消除静差，这时候就需要引入微分环节（D）了。微分环节有点像给干预信号串联了一个电容器，如图 5-48

所示。这样，只要出现静差，就迅速地产生一个脉冲，如图 5-48 中的曲线①所示，PD 的干预信号如曲线②所示，使被控量快速接近目标值。微分环节是通过调整微分时间来进行调节的，微分时间是指微分作用时间的长短。如预置不当，仍可能发生振荡，如图中之曲线③所示。

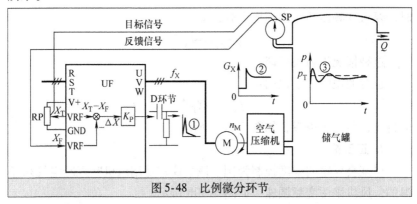

图 5-48　比例微分环节

4. PID 调节

将上述 3 个环节综合起来就是所谓的 PID 调节，如图 5-49a 所示。图 5-49b 分别表示了 3 个环节的作用；图 5-49c 则显示了 PID 调节的综合效果。

部分负载对控制精度并没有很高的要求，通常用 PI 控制就足够了。所以有的变频器不设置 D 的功能。

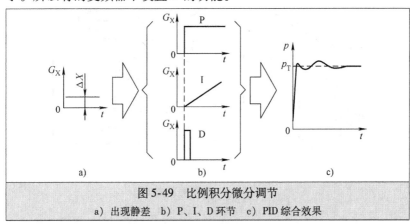

图 5-49　比例积分微分调节

a) 出现静差　b) P、I、D 环节　c) PID 综合效果

5.9.4 控制逻辑

1. 负反馈

仍以空压机为例，当实际压力小于目标压力时，即

$$X_F < X_T$$

时，要求变频器的输出频率上升，即

$$X_F < X_T \rightarrow f_X \uparrow$$

这种情况称为负反馈。

也有的说明书上根据：

$$f_X \uparrow \rightarrow X_F \uparrow$$

的特点，称为正逻辑，如图 5-50a 所示。

2. 正反馈

以某会议室的温度控制为例，该会议室是用风机吹入冷空气来降温的，风机采用变频调速，如图 5-50b 所示。

当会议室的实际温度高于目标温度时，即

$$X_F > X_T$$

时，要求变频器的输出频率上升，即

$$X_F > X_T \rightarrow f_X \uparrow$$

这种情况称为正反馈或负逻辑。

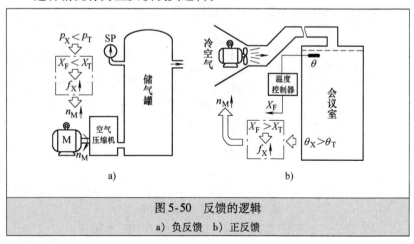

图 5-50　反馈的逻辑

a) 负反馈　b) 正反馈

5.9.5　压力传感器的接线

常见的压力变送器主要有两种:

1. 远传压力表

这种压力表内部有一个电位器。电位器的滑动端与压力表的指针相连,如图 5-51 所示。电位器的阻值大多是 400Ω,两个固定端可以直接和目标值给定电位器的固定端并联,滑动端输出与实际压力成正比的反馈信号,接到变频器的反馈量输入端。这里的反馈信号是电压信号,故接到 VI2 端。

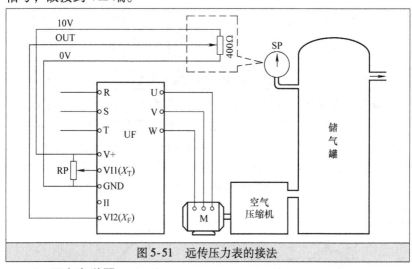

图 5-51　远传压力表的接法

2. 压力变送器

压力变送器的输出信号大多是电流信号,所需电源通常是直流 24V,变频器一般都为用户提供 +24V 的直流电源,如图 5-52 所示。

压力变送器的红线接到电源的 " +24V" 端,黑线与电源 0V 之间,串联电流信号的接收电路。具体到变频器,则黑线接到反馈信号通道,接收电路在变频器内部。

5.9.6　闭环控制的起动问题

1. 起动存在的问题

部分拖动系统在起动前的被控量与目标值之间的差值较大,例如

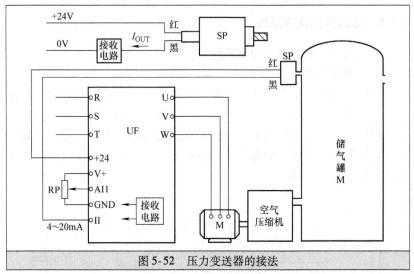

图 5-52 压力变送器的接法

某会议室由鼓风机吹入冷空气降温，如图 5-53a 所示。一般情况下，会议室在未使用前，室内的空气温度 θ_X 比开会时要求的目标温度 θ_T 高很多。所以，鼓风机在起动前温差 $\Delta\theta$ 较大。从而反馈信号 X_F 和目标信号 X_T 之间的偏差值 ΔX 很大，PI 运算的干预信号 G_X 将迅速到达上限值。结果，电动机将很快升速，导致因过电流而跳闸，如图 5-53b 所示。

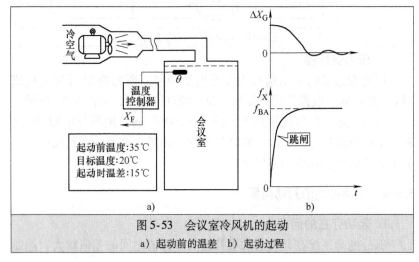

图 5-53 会议室冷风机的起动

a) 起动前的温差 b) 起动过程

2. 变频器的 PID 起动功能

变频器针对 PID 功能有效后可能出现的起动问题，设置了"PID 加、减速时间"功能，专用于当 PID 功能有效时的起动过程中。例如：

1）安川 CIMR – G7A 系列变频器　功能码 b5 – 17 用于预置"PID 指令用加、减速时间"。这样，当 PID 功能有效时，在起动过程中的加、减速时间将由 b5 –17 功能独立决定。

2）丹佛士 VLT5000 系列变频器　由功能码 439 预置"工艺 PID 起动频率"，则变频器在起动时，将按开环运行方式起动，直至上升到"工艺 PID 起动频率"后，才自动转为闭环控制。

5.9.7　PID 功能的调试

1. 初次调试

所谓初次调试，是指拖动系统安装完毕后，对拖动系统的工作性能不十分清楚的情况下，预置 P、I、D 的步骤与方法（在多数情况下，主要是 K_P 和 I)，现介绍如下：

第一步，将比例增益 K_P 预置到最小，如图 5-54a 中之曲线①所示，而将积分时间 I 预置到 20 ~ 30s，如图 5-54b 中之曲线③所示。

第二步，逐渐加大 K_P，一直到系统发生振荡，然后取其半，如图 5-54a 中之曲线②所示。

第三步，逐渐减小 I，一直到系统发生振荡，然后增加 50%，如图 5-54b 中之曲线④所示。

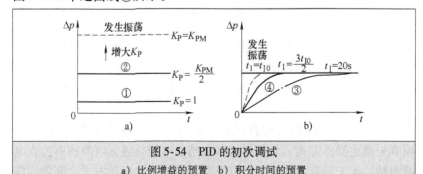

图 5-54　PID 的初次调试
a）比例增益的预置　b）积分时间的预置

如果发现有轻微振荡，则略减小一点 K_P，或增加一点 I；如果希望在用气量改变后压力恢复得快一些，则略增大一点 K_P，或减小一点 I。

2. 运行调试

这里所说的运行调试，是指在实际工作中，对运行情况感到不满意时，需要进行的调试。

1）发生振荡　储气罐的压力时高、时低，不稳定，说明系统发生了振荡，如图 5-55a 所示。

解决的方法：减小 K_P，或增加积分时间 T_I。

2）反应迟缓　用户的用气量改变后，压力偏离目标值的时间较长，反应比较迟缓，如图 5-55b 所示。

解决的方法：增大 K_P，或减小积分时间。

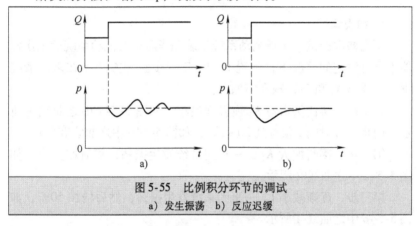

图 5-55　比例积分环节的调试
a）发生振荡　b）反应迟缓

小　结

1. 变频器面板上有很完善的显示功能，可以显示运行状态和运行过程中的各项物理数据等。

2. 变频器具有十分丰富的功能，在使用前，必须对各种功能进行预置。

3. 变频器可以通过键盘操作，也可以通过外接端子进行操作，须事先选定操作方式。变频器控制电路的电源分独立电源和不独立电源两种。对于后者，电动机不宜采取变频器上电起动方式。变频器接通电源和电动机起动应分别进行控制。

4. 经过功能预置，变频器可对电动机的起动进行自锁（三线控制），从而大大简化了控制电路，应尽量采用此功能。

5. 变频器的"频率递增"和"频率递减"功能十分有用，它非但可以代替电位器，还可以方便地实现两地或多地控制以及同步控制等。

6. 实现多档转速控制时，需要解决的主要问题是如何用一个开关去控制多个变频器输入端子的状态。具体实施时，以采用继电器控制较为简便，如果系统内有 PLC，则可以十分方便地用 PLC 控制。

7. PID 控制的目的是在被控的物理量或因用户的需求发生变化，或因受到突发的干扰和冲击，而偏离控制目标时，能够迅速地回复到控制目标。

8. 加入比例增益的目的，一是加快回复的速度，二是减小偏差。但由于拖动系统常常有许多滞后环节，使系统容易发生振荡。

9. 加入积分环节的目的，一是使系统不易发生振荡，二是消除偏差。但积分时间太长，则可能使系统反应迟钝。

10. 加入微分环节的目的是根据被控物理量的变化趋势，提前给出回复信号，从而使系统能够迅速地回复到控制目标。

11. 由于目标信号和反馈信号可以是不同的物理量，所以两者都用百分数表示。因为目标信号最终要和传感器检测到的反馈信号相比较的，所以目标信号的大小和传感器的量程有关。

12. 当控制系统要求变频器的输出频率和反馈信号的变化趋势相同时，称为正反馈；而当控制系统要求变频器的输出频率和反馈信号的变化趋势相反时，称为负反馈。

13. 当变频器的 PID 功能有效时，其频率给定端自动地成为目标信号和反馈信号的输入端。并且变频器原先预置的加、减速时间将不再起作用。

14. 当拖动系统从停止状态刚开始起动时，目标信号和反馈信号之间的偏差较大，有可能因加速过快而导致过电流跳闸，须注意防止。

复习思考题

1. 试设计一个具有自锁功能的两处控制电路。

2. 某会议室用变频鼓风机吹入冷空气降温，温度计有上、下限接点，试设计一个恒温控制电路。

3. 试设计一个4单元的同步控制电路，要求：

第1单元为主令单元；

当第2单元进行微调时，第3、4单元必须同时调节；

当第3单元进行微调时，第4单元必须同时调节；

第2、3、4单元又可以单独微调。

4. 试设计一个具有3种转速档次的控制电路。

5. 怎样利用报警输出端子？

6. 怎样选择和处理外接测量仪表？

7. 闭环控制要达到的目的是什么？

8. 什么是目标信号？什么是反馈信号？

9. 什么是负反馈？什么是正反馈？

10. 变频器的PID功能有效时，将有哪些方面发生变化？

11. 某恒压控制系统在运行过程中，用户发现频率显示很不稳定，此现象是否正常？

12. 上述恒压控制系统在运行时，压力时高、时低，如何解决？

13. 上述恒压控制系统在运行时，压力发生变化后，恢复过程较慢，如何解决？

第 6 章 ▶▶▶▶▶▶

因机施变用变频

在对各种生产机械实施变频改造时，必须首先了解生产机械的特性和对调速系统的要求。然后思考变频器如何满足生产机械的要求，这就是"因机施变"的含义。

6.1 风机变频调速

风机在工频运行时，能量浪费较大。以某锅炉用鼓风机为例，工频运行时，风量的大小通过挡风板的开合程度进行调节。这挡风板非但不能减轻电动机的负担，反而加大了风道的阻转矩，甚至可能使电动机过负载运行，如图 6-1a 所示。在使用风机的场合，类似的浪费十分普遍。

如改为变频运行，则可以通过降低转速来减小进风量，从而节省了电能，如图 6-1b 所示。

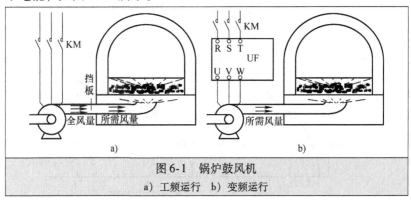

图 6-1　锅炉鼓风机

a）工频运行　b）变频运行

6.1.1　离心式风机的机械特性

风机用于控制空气的流量，如图 6-2a 所示。

1. 机械特性

由于空气本身无一定形状，且具有可压缩性，难以详细分析其阻转矩的形成，本书将只引用流体力学的相关结论。则负载的阻转矩 T_L 与转速 n_L 的 2 次方成正比：

$$T_L = K_T \cdot n_L^{\,2} \tag{6-1}$$

式中　T_L——负载的阻转矩（N·m）；

　　　n_L——负载的转速（r/min）；

　　　K_T——转矩比例常数。

其机械特性曲线如图 6-2b 所示，低速时，阻转矩很小；转速越高，阻转矩越大。

2. 功率特点

负载的功率 P_L 与转速 n_L 的 3 次方成正比：

$$P_L = \frac{K_T\, n_L^2\, n_L}{9550} = K_P \cdot n_L^{\,3} \tag{6-2}$$

式中　P_L——负载消耗的功率（kW）；

　　　K_P——功率比例常数。

功率特性曲线如图 6-2c 所示。

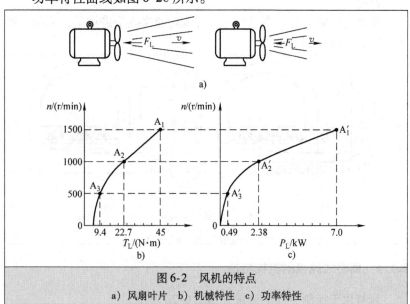

图 6-2　风机的特点

a）风扇叶片　b）机械特性　c）功率特性

3. 空载损失

事实上，即使在空载的情况下，电动机的输出轴上也会有损耗转矩 T_0 和损耗功率 P_0，如摩擦转矩及其功率等。因此，严格地讲其转矩表达式应为

$$T_L = T_0 + K_T \cdot n_L^2 \tag{6-3}$$

式中　T_0——空载转矩或损失转矩（N·m）。

功率表达式为

$$P_L = P_0 + K_P \cdot n_L^3 \tag{6-4}$$

式中　K_P——空载功率或损失功率（kW）。

在实际应用中，空载转矩或损失转矩常可忽略。

6.1.2　离心式风机的运行特点

1. 惯性大

离心式风机的主要运动部件是叶片，叶片的面积较大，故运行时的转动惯量较大。

2. 停机时易受风而反转

风机在停机状态下，叶片由于自然通风而自行转动，通常是反转的。

3. 不允许超速运行

假设转速为额定转速的110%：

$$n_{LX} = 110\% \, n_{LN}$$

式中　n_{LX}——任意转速（r/min）；

n_{LN}——风机的额定转速（r/min）。

则由式（6-1），风机的阻转矩为

$$T_{LX} = K_T \cdot (1.1 n_{LN})^2$$

$$= 1.21 T_{LN}$$

可见，如果将转速提高10%，负载的阻转矩将增加21%，非但电动机将严重过载，传动轴的剪切力和叶片承受的压力等也都同样增加21%。所以是不允许的。

4. 电动机的定额

风机一般都连续运行，在运行过程中，负载也很少变化，属于连

续不变负载。

6.1.3 风机变频要点

1. 变频器的选择

因为风机在低频运行时，阻转矩很小，且对机械特性的"硬度"也无要求。所以选通用型变频器，也可以选"风机、水泵专用型"的变频器。

2. 基本电路

风机的开环控制电路十分简单，这里介绍一个利用升、降速端子的电路，如图 6-3 所示。

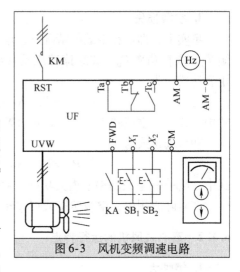

图 6-3　风机变频调速电路

图中，端子 X_1、X_2 分别预置为"频率递增（UP）"和"频率递减（DOWN）"，由按钮开关 SB_1 和 SB_2 控制。继电器 KA 用于运行控制。

3. 主要功能预置

1）最高频率　如上述，由于风机不允许超速运行，所以最高频率不允许超过电动机的额定频率（基本频率）。

2）上限频率　根据实际需要进行预置。例如，某厂锅炉所配的引风机风量偏大，调试时经反复试验，将上限频率预置为 45Hz。

3）下限频率风机在频率很低时，风量太小，实际意义不大，故下限频率常预置为 25Hz。

4）转矩提升　离心式风机在低速时的阻转矩很小，低速运行时容易出现"大马拉小车"的现象，浪费能源。所以，在对变频器进行功能预置时，应着眼于节能。具体预置如下：

① U/f 线类型　应选二次方律 U/f 线，使低速运行时，电动机处于低励磁状态，如图 6-4a 中之曲线②。

② 转矩提升量　中、小容量的风机，转矩提升量可预置为 0；大容量的风机需要有一定的起动转矩，可适当预置转矩提升量，如图

6-4b 中之曲线③所示。

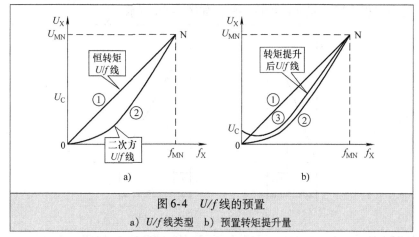

图 6-4　*U/f* 线的预置

a）*U/f* 线类型　b）预置转矩提升量

5）转差补偿　常有用户反映，变频 50Hz 时的风量比工频运行时小，从而对变频器产生怀疑。

这是因为：与直接在工频电源下运行时相比，变频运行时，增加了变频器本身的功率损失。所以，同样运行在 50Hz 时，其输出功率将略有减小。

如要增大风量，可预置"转差补偿"功能。转差补偿的实质是在负载较大时，适当增加一点"转差频率"以补偿因负载增大而引起的转差增大。预置了"转差补偿"功能，可提高 50Hz 时的转速，令用户信服。

6）升、降速时间　一方面风机的惯性较大，另一方面风机一般都是连续运行的，起动和停机的次数很少，起动和制动时间的长短并不影响生产。

所以，升、降速时间可以预置得长一些。以 75kW 的鼓风机为例，加、减速时间可预置为 30～60s（以起动和停机过程中，不因过电流或过电压而跳闸为原则）。

7）升、降速方式　离心式风机在低速段阻转矩很小，升速过程可以快一些，但当转速接近于额定转速时，阻转矩增加很大，加速过程应适当放缓。故升速方式以选用半 S 方式为宜，如图 6-5a 所示。

减速时也相仿，转速高时动能大，如减速太快，则动能释放太快，变频器容易因过电压而跳闸，故减速过程应缓慢些；待转速下降到一定程度后，减速可以快一些，如图6-5b所示。

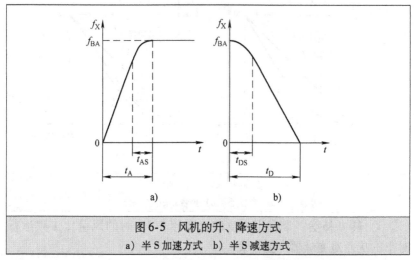

图6-5 风机的升、降速方式

a) 半S加速方式 b) 半S减速方式

S形时间 t_{AS} 和 t_{DS} 可以按升速时间 t_A（或降速时间 t_D）的20% ~ 30%来预置。如 $t_A = t_D = 30s$，则 t_{AS} 和 t_{DS} 可预置为 6 ~ 9s。

8）起动功能 风机在停机状态下，叶片由于自然通风而自行转动时，通常是反转的如图6-6a所示。在这种情况下，即使变频器的输出频率（从而同步转速 n_0）从 0Hz 开始上升，也可能在起动瞬间引起电动机的过电流。

此外，如果拖动系统在停机时预置了自由制动（惯性制动）方式，则当系统尚未停住前，如果需要再次从 0Hz 开始起动，也会在起动瞬间引起电动机的过电流。

总之，如果拖动系统由于某种原因在非零速的状态下起动时，变频器将很容易因过电流而跳闸。

为了保证电动机在零速状态下开始起动，可在起动前先向电动机的定子绕组内通入直流电流进行直流制动，待电动机的转子停住后再升速。图6-6c 所示是电动机的转速曲线，图6-6b 是直流制动的预置项目。这种通过在定子绕组中加入直流电流来保证电动机在零速下起动的功能称为"起动前的直流制动"功能。

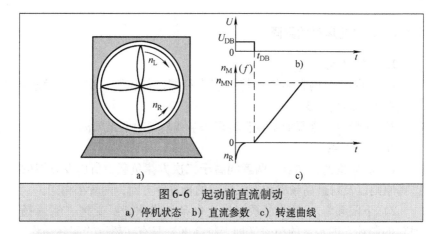

图 6-6　起动前直流制动
a）停机状态　b）直流参数　c）转速曲线

6.2　水泵变频调速

水泵也有和风机类似的情形。以锅炉供水为例，如图 6-7 所示。

为了防止供水过多，锅炉汽包内的水位应控制在一定的位置。

工频运行时，将水泵泵出的水分流，一部分供水到锅炉，另一部分回流至储水罐，回流的多少，可由回流阀根据汽包的水位进行控制，如图 6-7a 所示。

很明显，回流的水是完全的浪费。

变频运行时，可以十分方便地实现恒水位控制。汽包的水位高了，自动地降低水泵的转速，减小供水流量；汽包的水位低了，自动地升高水泵的转速，增加供水流量，毫无浪费如图 6-7b 所示。

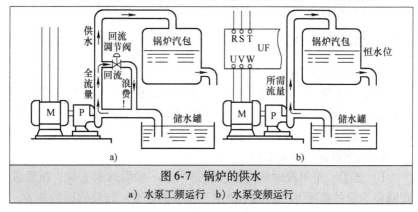

图 6-7　锅炉的供水
a）水泵工频运行　b）水泵变频运行

6.2.1　水泵与风机的异同

1. 机械特性

1）相同点　两者的机械特性基本相同，都属于二次方律负载。其定额也是连续不变负载。

2）相异点　水泵的空载阻转矩和空载损耗功率比风机大。

2. 变频要点

1）和风机的相同点　两者同属于二次方律负载，所以变频器的选择原则以及对最高频率和上限频率的预置等方面，两者都相同。

2）下限频率　在供水系统中，水泵的供水，要受到"实际扬程"的制约。即水泵的扬程（即上扬高度）只有在超过"实际扬程"以后，才能向用户供水。

所以水泵的下限频率，应根据供水系统的"实际扬程"来决定。

3）加、减速时间　水泵变频时的加、减速时间应预置得长一些，和风机相同。但原因却和风机完全不同。水泵的加速和减速过程太快，将使水压急剧变化，会引起管道的"水锤效应"，导致供水管道产生强烈振动或噪声，损坏阀门和固定件，对供水管道有很大的破坏作用。

所以水泵变频时的加、减速时间，以避免"水锤效应"为原则。

4）起动频率　水泵在起动前，其叶轮全部在水中，起动时，存在着一定的阻力，在从 0Hz 开始的一段频率内，实际转不起来。因此，应适当预置起动频率，使其在起动瞬间有一点冲力。

6.2.2　供水系统概况

1. 供水系统的基本模型

如图 6-8 所示。UF 是变频器，M 是电动机，P 是水泵。水泵的功能是将水从水池吸入，加压后输送到所需要的管路去，如工厂的各车间、大楼的各楼层以及生活小区等。

2. 供水系统的主要参数

1）流量　是单位时间内流过管道内某一截面的水流量，在管道截面积不变的情况下，其大小决定于水流的速度。流量的符号是 Q，

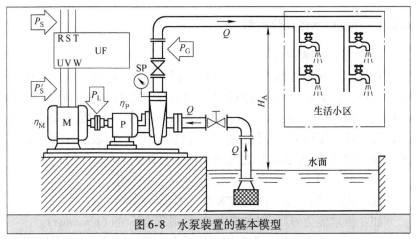

图6-8　水泵装置的基本模型

常用单位是 m^3/s。

2）扬程　是单位重量的水通过水泵所获得的能量，符号是 H。因为在工程应用中，常常体现为液体上扬的高度，故常用单位是 m。

① 静态扬程　是供水系统为了提供一定流量必须上扬的高度，也称实际扬程或实扬程，符号是 H_A。在图中，H_A 体现为从水池的水平面到管路最高处之间的上扬高度，也称为静扬程。

② 动态扬程　是供水时克服了管道内各部分的摩擦损失和其他损失后，使水流具有一定的流速所需要的扬程，符号是 H_D，动态扬程是不能用高度来表示的。

③ 全扬程　动态扬程与静态扬程之和称为全扬程，符号是 H_G，也称工作扬程。

$$H_G = H_A + H_D \tag{6-5}$$

式中　H_G——全扬程（m）；

　　　H_A——静态扬程（m）；

　　　H_D——动态扬程（m）。

3）压力　是表明供水系统中某个位置（某一点）水压的物理量，符号是 p。在静态时其大小主要取决于管路的结构和所处的位置。而在动态情况下，则还与供水流量和用水流量之间的平衡情况有关。

6.2.3 恒压供水的闭环控制

1. 恒压供水的目的

对供水系统进行的控制，归根结底是为了满足用户对流量的需求。所以，流量是供水系统的基本控制对象。而如上述，流量的大小又取决于扬程，但扬程难以进行具体测量和控制。考虑到在动态情况下，管道中水压的大小与供水能力（由供水流量 Q_G 表示）和用水需求（由用水流量 Q_U 表示）之间的平衡情况有关：

如：供水能力 $Q_G >$ 用水需求 Q_U，则压力上升（$p\uparrow$）；

如：供水能力 $Q_G <$ 用水需求 Q_U，则压力下降（$p\downarrow$）；

如：供水能力 $Q_G =$ 用水需求 Q_U，则压力不变（$p = \text{const}$）。

从而压力就成为用来作为控制流量大小的参变量。即保持供水系统中某处压力的恒定，也就保证了使该处的供水能力和用水流量处于平衡状态，恰到好处地满足了用户所需的用水流量，这就是恒压供水所要达到的目的。

2. 恒压供水的闭环控制

恒压供水的基本模型如图 6-9 所示。

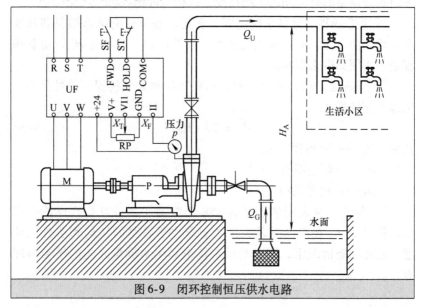

图 6-9 闭环控制恒压供水电路

变频器预置 PID 功能有效。

端子Ⅶ预置为目标信号输入端，目标信号 X_T 从电位器 RP 的滑动端取出。

端子Ⅱ预置为反馈信号输入端，反馈信号 X_F 由压力变送器提供。

端子 FWD 和 HOLD 预置为正转的自锁控制（三线控制）端。

适当预置好比例增益 P 和积分时间 I 后，能使供水压力保持平稳。

3. 恒压供水的简易控制

有的用户希望使用他们所熟悉的电接点压力表来进行恒压供水控制，这种压力表在压力的上限位和下限位以及指针本身都有电接点。比较直观，也比较价廉，又不必进行 PID 控制，用户较易掌握。因此，为一部分用户所喜欢。具体电路如图 6-10 所示，介绍如下：

1）控制方案　将变频器输入控制端中的 X_1 端子预置为升速（UP）端子；X_2 端子预置为降速（DOWN）端子。

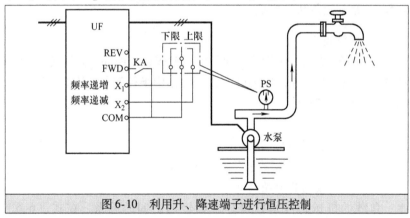

图 6-10　利用升、降速端子进行恒压控制

压力表的指针与变频器的公共端 COM 相接；上限触点接至降速端子 X_2；下限触点接至 X_1。

2）工作要点

① 当压力由于用水流量较小而升高，并超过上限值时，上限触点使 X_2 – COM 接通，变频器的输出频率下降，水泵的转速和流量也下降，从而使压力下降。

当压力低于上限值时，X_2 – COM 断开，变频器的输出频率停止下降；

② 当压力由于用水流量较大而降低，并低于下限值时，下限触点使 X_1 – CM 接通，变频器的输出频率上升，水泵的转速和流量也上升，从而使压力升高。

当压力高于下限值时，X_1 – COM 断开，变频器的输出频率停止上升。

一般说来，供水系统对水压精度的要求较低，只要上、下限触点的位置安排适当，上述控制系统是能够满足要求的。

6.3 带式输煤机的变频改造

带式输煤机的任务是将煤从甲地输送到乙地。调速的目的是使输煤的速度和乙地的用煤状况之间保持着适度的平衡，使传输带上的煤层厚度大体保持在一定范围内。

6.3.1 带式输煤机的特点

1. 机械特性

图 6-11a 所示，是带式输煤机的示意图，由图知，阻碍传输带运动的是传输带与滚轮之间的摩擦力，而作用半径就是滚轮的半径。所以传输带的阻转矩为

$$T_L = F \cdot r \qquad (6-6)$$

式中　T_L——负载转矩（N·m）；

　　　　F——传输带与滚轮的摩擦力（N）；

　　　　r——滚轮的半径（m）。

负载的机械特性是指阻转矩和转速之间的关系，在式（6-6）中，摩擦力 F 是和转速的快慢没有关系的，滚轮的半径 r 更是不变的常数。所以，负载的阻转矩是不随转速而变的，故属于恒转矩机械特性，如图 6-11b 所示，具有恒转矩机械特性的负载称为恒转矩负载。

2. 基本工况

所谓恒转矩，指的是负载转矩不随转速而变，但并不等于负载转矩的大小永远不变。事实上，传输带上煤的数量是不可能恒定不变的，其负载转矩与时间之间的关系是随机的，如图 6-11c 所示。

　　输煤机的定额属于连续变动负载，它有可能短时间过载，如图6-11c 所示。在决定变频器容量时，必须充分考虑到这个特点。应该具体测量其最大工作电流，以及最大电流可能运行的最长时间，以便准确地选择变频器的容量。

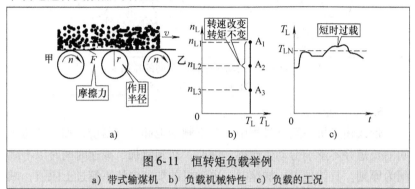

图 6-11　恒转矩负载举例

a）带式输煤机　b）负载机械特性　c）负载的工况

6.3.2　变频调速示例

1. 电动机数据

55kW、102.5A、1480r/min；实测最大电流为 95A，最大负载率为

$$\xi_{\max} = \frac{I_{\max}}{I_{MN}} = \frac{95}{102.5} = 93\%$$

2. 调速范围

根据实际需要，将调速范围定为 2∶1，工作频率范围是 25~50Hz。

3. 上、下限频率

1）上限频率根据实际需要，预置为 45Hz。

2）下限频率根据实际需要，预置为 25Hz。

4. 起动频率

1）起动频率因为传输带在静止状态时的静摩擦系数较大，故将起动频率预置为 6Hz，使它在起动时有一定的冲击力，以利于起动。

2）起动频率持续时间预置为 2s。传输带在静止时处于松弛状态的，如图 6-12a 所示。起动时，如果加速太快，传输带的绷紧过程太短，绷力很大，将影响传输带的使用寿命。预置起动频率持续时间将可以使传输带在很慢的速度下缓慢绷紧，如图 6-12b 所示。

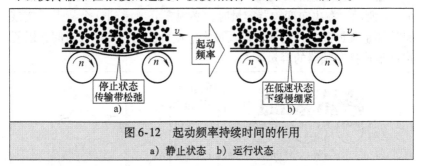

图 6-12 起动频率持续时间的作用

a）静止状态 b）运行状态

5. 加、减速时间

带式输煤机在运行过程中，并不频繁地起动与制动，加、减速时间的长短并不影响劳动生产率。因此，在预置加、减速时间时以不跳闸为原则。具体地说，加速时，电动机的加速电流不超过上限值；减速时，变频器直流回路的电压也不超过上限值，如图 6-13a 所示。

因此，将加、减速时间预置为 20s 是适宜的。如图 6-13a 和图 6-13c 所示。

6. 控制方式

带式输煤机对动态响应并无要求，调速范围也不大，可选择 V/F 控制方式或无反馈矢量控制方式。

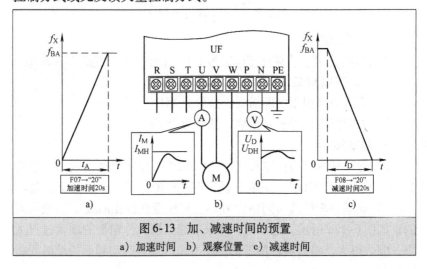

图 6-13 加、减速时间的预置

a）加速时间 b）观察位置 c）减速时间

6.4　饮料灌装输送带的变频改造

6.4.1　运行特点

1. 机械特性

阻转矩的构成和带式输煤机大致相同，也属于恒转矩负载。

2. 运行定额

传输带在工作过程中，运行和停止不断地交替，每隔一段时间，所有工件同时向下一个工位移动。运行的时间和停止的时间都是一定的，属于间歇传输方式，其基本结构如图 6-14 所示。

主要工位有灌装、加盖、贴标签等。

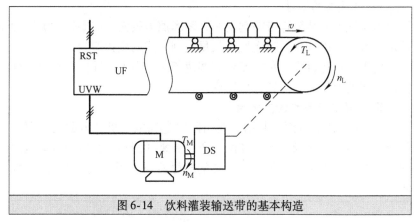

图 6-14　饮料灌装输送带的基本构造

6.4.2　电动机特点

1. 主要数据

额定容量 $P_{MN} = 5.5 kW$，额定转速 $n_{MN} = 960 r/min$。定额为断续运行。

2. 类型及工作特点

由于要求传输带在转换工位时必须准确停住，不允许出现滑动。因此，采用 YEJ 系列电磁制动电动机，特点是电动机轴上附加了一个制动电磁铁，其基本电路是在内部已经接好了的，如图 6-15a 所示。

因为电磁铁的绕组 MB 是一个大电感，当电源电压为正半周时，电源通过 VD₁ 向线圈 MB 提供电流，当电源电压为负半周时，电源不再提供电流，而是由线圈的自感电动势使电流通过 VD₂ 继续流动，VD₂ 称为续流二极管。RP₁ 是压敏电阻，防止在续流二极管电路一旦发生接触不良等故障时，用于保护线圈的。

线圈电流的波形如图 6-15b 所示。

6.4.3 变频改造要点

1. 变频器的选择

1）变频器的容量因饮料灌装输送带不会有严重过载的情形，因此可选与 5.5kW 电动机相配的变频器：$S_N = 8.5kVA$，$I_N = 14.2A$。

2）变频器的型号

由于饮料灌装输送带在起动时，静摩擦力较大，需要较大的起动转矩。因此，以选用具有无反馈矢量控制方式的变频器为宜。

由于在运行过程中负载变化和调速范围均不大，即使是只有 V/F 控制方式的通用型变频器也可选用。

2. 变频器与制动器的配合

1）制动器的电源　制动器在出厂时是和电动机共电源的。但变频器的输出电压是随频率而变的，所以原来的制动器和电动机共电源的连接线不能再用，必须通过单独的接触器与电源相接，如图 6-15c 所示。

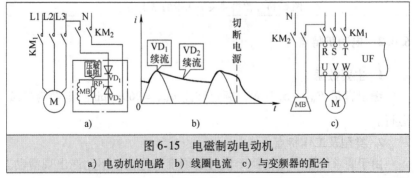

图 6-15　电磁制动电动机
a）电动机的电路　b）线圈电流　c）与变频器的配合

2）电动机的起动　电动机起动时，首先要使制动器通电，将抱闸松开。在抱闸刚松开的瞬间，传动轴常有转动，引起传输带的蠕动，影响定位精度。为此，需预置"起动前的直流制动"，以保证传输带在原位开始移动。制动器的松开时间一般在 0.6s 以内，故起动前直流制动的时间可预置为 1s，如图 6-16 中之 t_1 所示。直流制动结束时，电动机将从起动频率 f_S 开始起动，并升速至工作频率 f_{X1}。

3）电动机的停机

停机时，由于切断电源后，制动器的抱闸抱紧也需要时间，故也应该预置直流制动功能。直流制动的起始频率 f_{DB} 可预置为 15Hz，持续时间也预置为 1s，如图中之 t_2 所示。

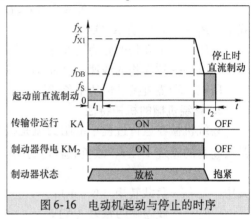

图 6-16　电动机起动与停止的时序

6.5　卷绕机的变频改造

6.5.1　卷绕机的机械特性

1. 卷绕机械的工作特点

卷绕机械的拖动系统如图 6-17 所示。卷绕机械在卷绕过程中，有两个基本要求：

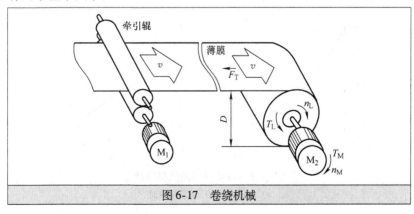

图 6-17　卷绕机械

1）要求被卷物的张力 F_T 保持恒定，否则将影响被卷物的材质。

2）为了使张力恒定，被卷物在行进过程中的线速度 v 必须恒定。

根据力学原理，被卷物在卷绕过程中消耗的功率也是恒定的：

$$P_L = F_T \cdot v = C \qquad (6\text{-}7)$$

式中　P_L——卷绕功率（kW）；

　　　F_T——被卷物的张力（N）；

　　　v——被卷物的线速度（m/s）。

所以，卷绕机械是恒功率负载。

2. 卷绕机械的机械特性

卷绕机械在运行过程中的阻力就是被卷物的张力 F_T，作用半径是被卷物的卷绕半径 r，故负载转矩的大小为

$$T_L = F_T \cdot r \qquad (6\text{-}8)$$

式中　T_L——负载转矩（N·m）；

　　　F_T——被卷物的张力（N）；

　　　r——卷绕半径（m）。

卷绕开始时，卷径很小，故阻转矩也很小，但为了保证线速度恒定，转速却很高，如图 6-18a 中的 A 点所示。

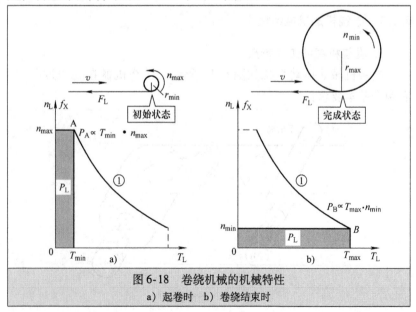

图 6-18　卷绕机械的机械特性

a）起卷时　b）卷绕结束时

随着被卷物的卷绕半径越来越大，负载转矩也随之增大，而转速却在下降；卷绕结束时，卷绕半径最大，阻转矩也最大，而转速却下降到最小，如图 6-18b 中之 B 点所示。

所以，图中的曲线①就是卷绕机械的机械特性。

6.5.2 变频改造的主要问题

1. 开始卷绕时的负载功率

刚开始卷绕时，阻转矩很小，但转速却很高，负载功率为

$$P_L = P_A = \frac{T_{min} n_{max}}{9550}$$

2. 卷绕结束时的负载功率

卷绕快结束时，阻转矩很大，但转速却很低，负载功率为

$$P_L = P_B = \frac{T_{max} n_{min}}{9550}$$

因为是恒功率负载，所以 $P_A = P_B$。

3. 电动机所需功率

电动机的额定转速应该能够满足负载的最高转速，而电动机的额定转矩也应该不小于负载的最大转矩。所以，要求电动机的容量为

$$P_{MN} \geqslant \frac{T_{max} n_{max}}{9550} = P_L \frac{n_{max}}{n_{min}} \tag{6-9}$$

式中　P_{MN}——电动机的额定功率（kW）；

　　　P_L——负载所需功率（kW）；

　　n_{max}——负载的最高转速（r/min）；

　　n_{min}——负载的最低转速（r/min）。

可见，电动机的容量要比负载所需功率大许多倍！这就是卷绕机械实现变频调速时的主要问题，如图 6-19 所示。

6.5.3 减小电动机容量的思考

考虑到电动机在额定频率以上运行时，其有效转矩线也具有恒功率的特点。所以，应尽量利用变频调速的恒功率区拖动恒功率负载。分析如下：

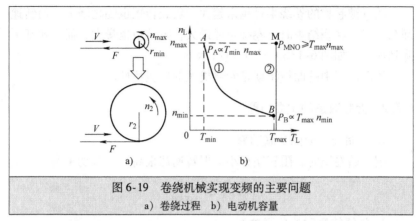

图 6-19　卷绕机械实现变频的主要问题

a）卷绕过程　b）电动机容量

1. 最高频率为 100Hz

如果将电动机的最高工作频率提高到 100Hz，那么电动机的额定转速只需与负载最高转速的二分之一对应就可以了，电动机的额定功率也随之减小了一半，如图 6-20a 中之曲线②所示。

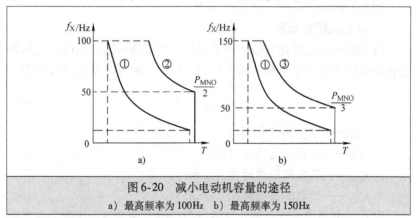

图 6-20　减小电动机容量的途径

a）最高频率为 100Hz　b）最高频率为 150Hz

2. 最高频率为 150Hz

再将电动机的最高工作频率提高到 150Hz，那么电动机的额定转速只需与负载最高转速的三分之一对应就可以了，电动机的额定功率也随之减小到原来的三分之一，如图 6-20b 中之曲线③所示。

3. 电动机的最高工作频率

卷绕机械虽然在开始卷时的转速很高，但因为卷绕半径增大得很快，电动机的工作频率也就很快地降了下来。即电动机在最高频率滞留的时间极短。基于这个特点，工作频率更高一点，也是允许的，有关资料表明，卷绕机械的最高工作频率可以达到 180Hz。

6.5.4　卷绕机的转矩控制

1. 变频器的转矩控制功能

这里所说的转矩控制是矢量控制下的一种控制方式，它和第 3 章第 3.2.4 节所说的"直接转矩控制"是两回事。直接转矩控制是有别于矢量控制的又一种控制方式；而这里的转矩控制是隶属于矢量控制方式的一种特殊控制方法，它是和"转速控制"并列的。

转速控制时，和给定信号对应的是变频器的输出频率，或者是电动机的转速。特点是变频器的输出频率 f_X 与给定信号 U_G 相对应，如图 6-21a 所示。

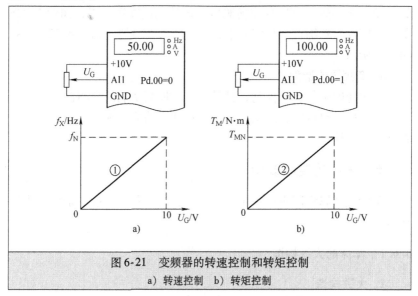

图 6-21　变频器的转速控制和转矩控制

a）转速控制　b）转矩控制

而当变频器预置为"转矩控制"时，和给定信号 U_G 对应的是电动机轴上的转矩 T_M，如图 6-21b 所示。

2. 转矩控制的工作特点　如图 6-22b 所示，曲线①是电动机的输出转矩，只要给定信号不变，输出轴上的转矩也就不变。而卷绕辊的阻转矩却是随着卷绕直径的增大而增大的，如曲线②所示。

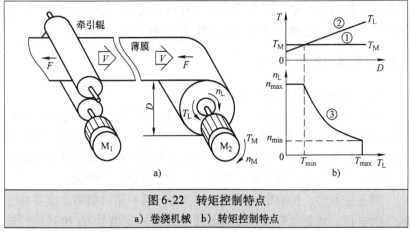

图 6-22 转矩控制特点

a）卷绕机械 b）转矩控制特点

在大部分时间里，电动机的电磁转矩小于负载转矩，但因为前面的单元（牵引辊）不断地将薄膜以一定的线速度送过来，如图 6-22a 所示。所以，卷绕辊不会停下来，而只能逐渐减慢，如图 6-22b 中的曲线③所示。

3. 变频器的选型

应选能够进行矢量控制，且具有转矩控制功能的变频器。

卷绕机械也可以通过变频器的 PID 调节功能实现恒张力控制，读者可自行设计。

6.6 车床的变频改造

车床是金属切削机床中用得最为普遍的一种，其拖动系统也比较典型。

6.6.1 车床的大致构造

1. 大致构造

如图 6-23 所示，主要部件：

1）头架 用于固定工件并带动工件旋转。内藏齿轮箱，是主要的传动机构之一。

2）尾架 用于顶住较长的工件，是固定工件用的辅助部件。

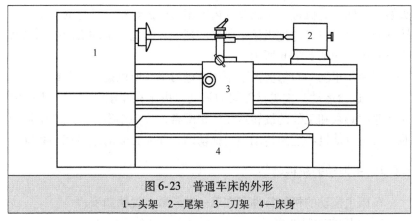

图 6-23　普通车床的外形

1—头架　2—尾架　3—刀架　4—床身

3）刀架　用于固定车刀。

4）床身　用于安置所有部件。

2. 拖动系统

普通车床的拖动系统主要包括以下两种运动：

1）主运动　工件的旋转运动为普通车床的主运动，带动工件旋转的拖动系统为主拖动系统。主拖动系统由主电动机、传输带和带轮以及头架中的齿轮箱构成，如图 6-24a 所示。转速的调节是通过改变

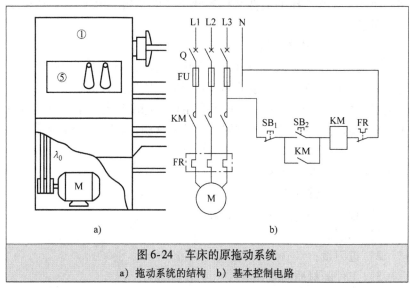

图 6-24　车床的原拖动系统

a）拖动系统的结构　b）基本控制电路

头架上手柄⑤的位置，从而改变齿轮箱内的齿轮组合进行的。工件旋转方向的改变也是通过机械手段来实现的。因此，电动机的控制电路十分简单，如图 6-24b 所示。

因为每车削一刀都要停下来调整进刀量，所以是断续负载。

2）进给运动　主要是刀架的移动。由于在车削螺纹时，刀架的移动速度必须和工件的旋转速度严格配合，故中小型车床的进给运动通常由主电动机经进给传动链而拖动的，并无独立的进给拖动系统。

6.6.2　主拖动的机械特性

车床主拖动的机械特性存在着一对矛盾，说明如下：

1. 从原拖动系统看

原拖动系统是齿轮调速系统，因为电动机的容量是恒定的，如不计齿轮箱的损失，则其调速系统属于恒功率调速。

但车床的恒功率调速并不如卷绕机那样，在运行过程中，自然地、连续地改变转速，而是必须在停机的状态下来改变转速。

如第 1 章 1.5 节所述，经过传动机构减速以后，负载侧的转速比电动机侧减小了 λ 倍，而负载侧所得到的转矩则比电动机侧增大了 λ 倍。事实上，在车床的最低几档转速下，电动机是处于"大马拉小车"的状态。

2. 从阻转矩的构成看

主拖动系统的负载转矩就是工件在切削过程中形成的阻转矩。理论上说，切削功率用于切削的剥落和变形。故切削力正比于被切削工件的材料性质和切削面积，切削面积由切削深度和走刀量决定。而切削转矩则取决于切削力和工件回转半径的乘积，如图 6-25a 所示。

$$T_L = F \cdot r \tag{6-10}$$

式中　　F——切削力（N）；

r——工件的半径（m）。

切削力的大小与下列因素有关：

1）切削深度；

2）进刀量；

3）工件的材质与直径等。

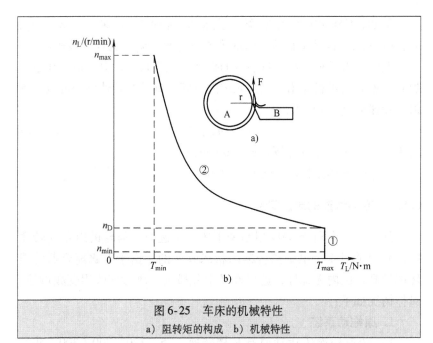

图 6-25　车床的机械特性
a）阻转矩的构成　b）机械特性

如果在整个调速范围内，切削力和工件半径都不变的话，则车床的机械特性是恒转矩的。但能否在所有转速下都保持恒转矩调速呢？

一方面，如第 1 章的式（1-10）所述，转速越高，电动机的输出功率也越大。

另一方面转速升高后，由于受刀具强度以及床身机械强度和振动等的影响，继续保持较大的切削转矩将可能损坏刀具和床身。因此，速度越高，允许的最大进刀量越小，但切削功率则保持不变，其机械特性具有恒功率性质，如图 6-25b 中之曲线②所示。

因此，车床的机械特性存在着两个区域：转速较低的区域是恒转矩区，转速较高的区域是恒功率区。

3. 矛盾的解决

设定一个"计算转速"，作为恒转矩区和恒功率区的分界转速，用 n_D 表示。关于计算转速大小的规定大致如下：

国产车床一般规定：从最低速起，以全部级数的 1/3 的最高速作为计算转速。

例如，CA6140 型普通车床主轴的转速共分 24 级：n_1、n_2、n_3、……n_{24}，则从最低速算起的第 8 档转速（n_8）为计算转速。

但随着刀具材质和床身强度的提高，近年来，计算转速正在逐渐提高，据有关资料介绍，较为先进的车床，其计算转速已经可以达到最高转速的（1/4）了：

$$n_D \approx n_{max}/4 \qquad (6-11)$$

式中　　n_D——车床的计算转速（r/min）；

　　　　n_{max}——车床的最高转速（r/min）。

6.6.3 变频调速的改造实例

某厂的意大利产 SAG 型精密车床，调速时，齿轮的组合（转速换档）是通过 4 个电磁离合器的状态改变的。由于电磁离合器的损坏率较高，国内无配件，进口件又十分昂贵，故考虑改用变频调速。具体情况如下：

1. 原拖动系统

1）转速档次主运动原有 8 档转速：75、120、200、300、500、800、1200、2000r/min。

2）电动机的主要额定数据

额定容量：$P_{MN} = 2.2kW$；

额定电压与电流：$U_N = 380V$，$I_{MN} = 4.8A$；

额定转速：$n_{MN} = 1440r/min$；

过载能力：$\gamma = 2.5$。

3）调速方式　由手柄的 8 个位置来控制 4 个电磁离合器的分与合，得到齿轮的 8 种组合，从而得到 8 档转速，如图 6-26 所示。

2. 主要计算数据

1）调速范围

$$\alpha_n = \frac{n_{max}}{n_{min}} = \frac{2000}{75} = 26.6 \approx 27$$

式中　　α_n——车床的调速范围；

　　　　n_{max}——车床的最高转速（r/min）；

　　　　n_{min}——车床的最低转速（r/min）。

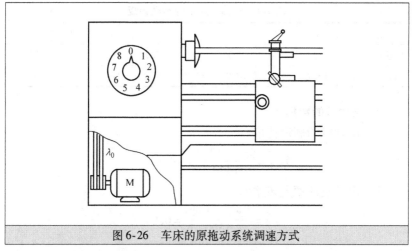

图6-26　车床的原拖动系统调速方式

2）计算转速　根据机械工程师提供的数据，计算转速为

$$n_D = 300\text{r/min}$$

具体地说，则 $n_L \leqslant 300\text{r/min}$ 时为恒转矩调速；$n_L \geqslant 300\text{r/min}$ 时为恒功率调速。

3）负载功率　考虑到设计者在选择电动机时通常都留有余量，故负载功率可按略小于电动机容量来计算，今假设

$$P_L = 2\text{kW}$$

4）各档转速下的负载转矩当 $n_L \geqslant 300\text{r/min}$ 时，负载转矩按下式计算：

$$T_L = \frac{9550 P_L}{n_L} \tag{6-12}$$

式中　T_L——负载的阻转矩（N·m）；

$\quad\quad P_L$——负载的功率（kW）；

$\quad\quad n_L$——负载的转速（r/min）。

当 $n_L \leqslant 300\text{r/min}$ 时，因为属于恒转矩性质，故负载转矩均与 $n_L = 300\text{r/min}$ 时相同。

计算所得负载转矩见表6-1。

表 6-1　各档转速下的负载转矩

档次	1	2	3	4	5	6	7	8
转速/(r/min)	75	120	200	300	500	800	1200	2000
转矩/N·m	63.7	63.7	63.7	63.7	38.2	23.9	15.9	9.55

3. 电动机的数据

1）电动机的额定转矩

$$T_{MN} = \frac{9550 \times 2.2}{1440} = 14.6 \text{N} \cdot \text{m}$$

2）电动机的额定转差率

$$s = \frac{1500 - 1440}{1500} = 0.04$$

6.6.4 变频改造的试探

1. 额频对应 $n_D = 500 \text{r/min}$

将计算转速设定为 500r/min，令额定频率对应 500r/min，则负载的最高速时的运行频率为

$$f_{max} = 50 \times \frac{2000}{500} = 200 \text{Hz}$$

如图 6-27 所示。电动机的最高同步转速高达

$$n_{1MAX} = \frac{60 \times 200}{2} = 6000 \text{r/min}$$

在如此高的转速下，电动机的轴承容易破裂；转子的动平衡也不能保证。所以，此方案不能用。

2. 最高频 $f_{max} \leqslant 100 \text{Hz}$

则额定频率对应的负载转速为 1000r/min，在 1000r/min 以下，电动机保持着恒转矩状态，轴上的电磁转矩不小于 63.7N·m，其电磁功率不小于

$$P_{Mmax} = \frac{63.7 \times 1440}{9550} = 9.61 \text{kW}$$

远大于电动机的额定功率。所以，此方案也不能用。

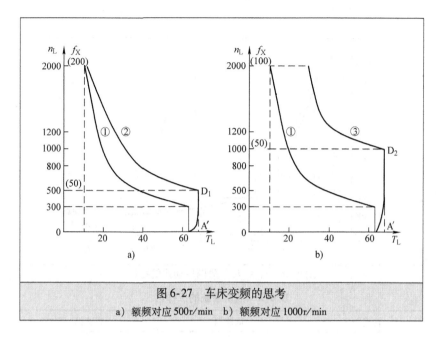

图 6-27　车床变频的思考

a) 额频对应 500r/min　b) 额频对应 1000r/min

6.6.5　两档传动比方案

　　由于车床对转速的调节，只在停机时进行，在车削过程中并不调速。因此，可考虑将传动比分为两档。

1. 低速档

　　如图 6-28 所示，令电动机的额定频率（50Hz）与负载转速 n_L = 300r/min 相对应。则当 $n_L \leq 300$r/min 时，电动机的有效转矩线为恒转矩区，如曲线②所示；负载转速 n_L = 300 ~ 500r/min 时，电动机的运行频率为 50 ~ 83Hz，其有效转矩线如曲线③所示。

2. 高速档

　　令电动机的额定频率（50Hz）与负载转速 n_L = 1000r/min 相对应。则当 $n_L \leq 1000$r/min 时，电动机的有效转矩线为恒转矩区，如曲线④所示；负载转速 n_L = 1000 ~ 2000r/min 时，电动机的运行频率为 50 ~ 100Hz，其有效转矩线如曲线⑤所示。

3. 确定传动比

　　1）拖动系统的工作区　综合上述，拖动系统的工作区见表 6-2。

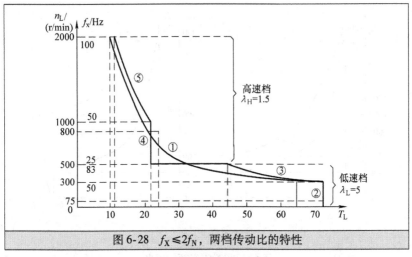

图6-28 $f_X \leq 2f_N$，两档传动比的特性

表6-2 拖动系统的工作区

转速档次	低速档		高速档	
电动机工作区	恒转矩区	恒功率区	恒转矩区	恒功率区
负载转速范围/(r/min)	75~300	300~500	500~1000	1000~2000
工作频率范围/Hz	12.5~50	50~83	25~50	50~100
电动机转速范围/(r/min)	360~1440	1440~2400	720~1440	1440~2880

2）低速档的传动比

$$\lambda_L = 1440/300 = 4.8$$

取 $$\lambda_L = 5$$

3）高速档的传动比

$$\lambda_H = 1440/1000 = 1.44$$

取 $$\lambda_H = 1.5$$

图中的曲线①是生产机械的机械特性，由图可以看出，采用了两档传动比，电动机的有效转矩线和生产机械的机械特性曲线十分贴近。

4）最低工作频率为12.5Hz，并不很低。

所以，选择V/F控制方式或无反馈矢量控制方式均可。

6.7　重力负载的变频调速

6.7.1　重力负载及其特点

所谓重力负载，就是负载具有一定的位能，典型代表如起重机械和向下传输的传输带等。这类负载在向下运行时，负载本身的重力加速度将可能改变电动机的运行状态。现以某起重机的起升机构为例，说明如下。

1. 起升机构的大致组成

如图 6-29 所示，M 是电动机，DS 是减速机构，R 是卷筒，r 是卷筒的半径，G 是重物。

2. 起升机构的转矩分析

在起升机构中，主要有三种转矩：

1）电动机的电磁转矩 T_M 即由电动机产生的转矩，是主动转矩，其方向可正可反。如以上升时作为正转，则下降时为反转。

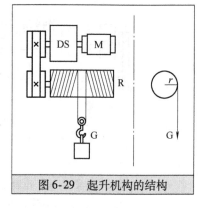

图 6-29　起升机构的结构

2）重力转矩 T_G　由重物及吊钩等作用于卷筒的转矩，其大小等于重物及吊钩等的重量 G 与卷筒半径 r 的乘积

$$T_G = G \cdot r \tag{6-13}$$

式中　T_G——重力转矩（N·m）；

$\quad\quad G$——重力（N）；

$\quad\quad r$——卷筒半径（m）。

T_G 的方向永远是向下的。

3）摩擦转矩 T_0　由于减速机构的传动比较大，最大可达 50（$\lambda = 50$），因此减速机构的摩擦转矩（包括其他损失转矩）不可忽略。摩擦转矩的特点是其方向永远与运动方向相反。

起升机构也属于断续负载。

6.7.2 变频调速的四象限运行

所谓四象限运行是指拖动系统的工作点有可能出现在坐标系的4个象限里。电动机在不同象限中的工作状态是不一样的。

1. 重物上升

重物的上升完全是电动机正向转矩作用的结果。这时，电动机的旋转方向与转矩方向相同，处于电动机状态，其机械特性在第 I 象限，如图 6-30b 中之曲线②和①所示（曲线①是负载的机械特性），工作点为 Q_1 点，同步转速为 n_{01}。

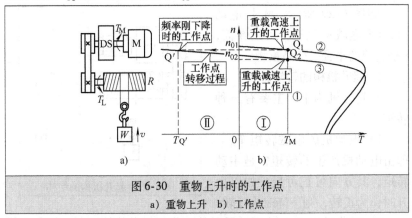

图 6-30 重物上升时的工作点

a）重物上升 b）工作点

当通过降低频率而减速时，在频率刚下降的瞬间，机械特性已经切换至曲线③了，工作点由 Q_1 点跳变至 Q' 点，进入第 II 象限，电动机处于再生制动状态（发电机状态），其转矩变为反方向的制动转矩，使转速迅速下降，并重又进入第一象限，至 Q_2 点时，又处于稳定运行状态，Q_2 点便是频率降低后的新的工作点，这时同步转速已降为 n_{02}。

2. 空钩（包括轻载）下降

空钩（或轻载）时，由于受减速机构摩擦转矩的阻碍，重物自身将不能下降，必须由电动机反向运行来实现。电动机的转矩和转速都是负的，故机械特性曲线在第 III 象限，如图 6-31 中之曲线②，工作点为 Q_1 点，同步转速为 n_{01}。

当通过降低频率而减速时，在频率刚下降的瞬间，机械特性已经切换至曲线③，工作点由 Q_1 点跳变至 Q' 点，进入第 IV 象限，电动机处于反向的再生制动状态（发电机状态），其转矩变为正方向，以阻止重物快速下降，所以也是制动转矩，使下降的速度减慢，并重又进入第 III 象限，至 Q_2 点时，又处于稳定运行状态，Q_2 点便是频率降低后的新的工作点，这时同步转速为 n_{02}。

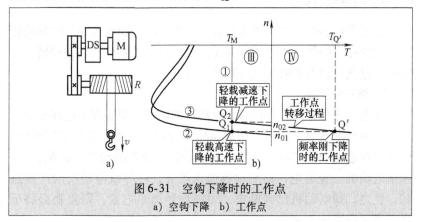

图 6-31　空钩下降时的工作点
a) 空钩下降　b) 工作点

3. 重载下降

重载下降时，重物自身的重力将超过摩擦转矩，具有依靠自重而下降的能力，电动机的旋转速度将超过同步转速而进入再生制动状态。电动机的旋转方向是反转（下降）的，但其转矩的方向却与旋转方向相反，是正方向的，其机械特性如图 6-32b 所示，工作点为 Q

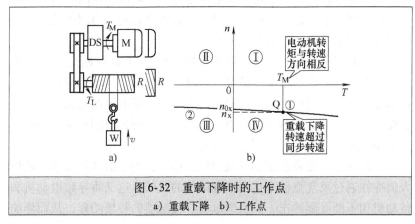

图 6-32　重载下降时的工作点
a) 重载下降　b) 工作点

点，转速为 n_X。这时，电动机的作用是防止重物由于重力加速度的原因而不断加速，达到使重物匀速下降的目的。在这种情况下，摩擦转矩也将阻碍重物下降，故重物在下降时构成的负载转矩比上升时小。

6.7.3 溜钩的防止

在起升机构中，由于重物具有重力的原因，如没有专门的制动装置，重物在空中是停不住的。为此，电动机轴上必须加装制动器，常用的有电磁制动器和液压电磁制动器等。

1. 溜钩的产生

在重物开始升降或停住时，电动机的电磁转矩是在通电或断电瞬间就立刻产生或消失的。而制动器松开与抱紧的动作是需要时间的。因此，在通电和断电时，必须使制动器和电动机的动作之间配合好。如果电动机已经通电，而制动器尚未松开，将导致电动机的严重过载；反之，如电动机已经断电，而制动器尚未抱紧，则重物必将下滑，即出现溜钩现象。

2. 原拖动系统的防溜钩措施

1）由"停止"到运行　电磁制动器线圈与电动机同时通电。这时，存在着以下问题：

对于电动机来说，在刚通电瞬间，电磁制动器尚未松开，而电动机已经产生了转矩，这必将延长起动过程中大电流存在的时间。

对于制动器来说，在松开过程中，必将具有闸瓦与制动轮之间进行滑动摩擦的过程，影响闸瓦的寿命。

2）由运行到"停止"　使制动器先于电动机 0.6s 断电，以确保电动机在制动器已经抱紧的情况下断电。这时对于电动机来说，由于在断电前制动器已经逐渐地抱紧了，必将加大断电前的电流；对于制动器来说，在开始抱紧和电动机断电之间，在闸瓦与制动轮之间也必有滑动摩擦的过程，影响闸瓦的寿命。

即使这样，在要求重物准确停位的场合，仍不能满足要求。操作人员往往通过反复点动来达到准确停位的目的。这又将导致电动机和传动机构不断受到冲击，以及继电器、接触器的频繁动作，从而影响它们的寿命。

6.7.4　重力负载变频改造示例

有一台提升机，电动机是绕线转子的，额定数据是 11kW、24.6A、6 极。

1. 绕线转子异步电动机的处理

绕线转子异步电动机在实施变频调速时，必须首先将转子的三根引出线短路起来。同时，电刷应该举起或拿掉，以免增加电刷和集电环之间的摩擦力，如图 6-33 所示。

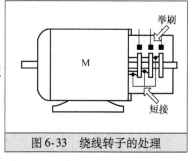

图 6-33　绕线转子的处理

2. 变频器的选择

1）容量　起重机械以安全为第一考量。因此，一般都采取把变频器容量加大一档的方法，以避免或减少无谓的跳闸。

2）型号　如上述，重物在上升和下降的过程中，要求电动机能够四象限运行。

V/F 控制方式在进行电压补偿的情况下，电动机状态和发电机状态的磁通是很不一样的，不适合四象限运行。而矢量控制可以使电动机不管运行在哪个象限都能保持磁通不变。所以应选择具有矢量控制功能的高性能变频器。

3. 防止溜钩的措施

变频器防止溜钩的基本指导思想是让制动器的通电和断电过程都在很低的频率下进行，从而使电动机的电流和闸瓦的摩擦大为减小。具体过程如下述。

1）重物从停止转为运行　假设重物正停在半空中，变频器得到运行（上升或下降）信号，以三菱公司生产的 FR – A500 变频器为例，其控制时序如图 6-34 所示。

① 由功能码 Pr.278 设定一个"制动开起频率"$f_{SD} = 3Hz$，则当变频器的工作频率上升到 3Hz 时，将暂停上升。为了确保当制动电磁铁松开后，变频器已能控制住重物的升降而不会溜钩，所以在工作

频率到达 3Hz 的同时，变频器将开始检测电流，由功能码 Pr.279 预置电流值为 25A（比电动机额定电流略大），并且由功能码 Pr.280 预置检测电流所需时间 $t_{SC} = 2s$。

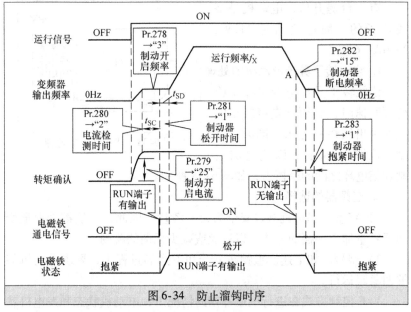

图 6-34　防止溜钩时序

② 当变频器确认已经有足够大的输出电流时，发出"松开"指令，制动电磁铁开始通电。

③ 由功能码 Pr.281 预置制动器开起时间 $t_{SD} = 1s$。t_{SD} 的长短根据制动器的大小进行估计。

④ 在制动器完全松开后，变频器将输出频率上升到操作工设定的频率，重物将按所设定的速度上升或下降。

2）重物停住的控制过程　当变频器得到停止信号后，控制时序如下：

① 变频器的输出频率开始下降，考虑到制动器在线圈断电后还有续流过程，为此制动器的线圈必须提前断电，由功能码 Pr.282 预置制动器断电频率 $f_A = 15Hz$。

② 当变频器的工作频率下降到 $f_{SD} = 3Hz$ 时，制动器开始抱紧。

③ 由功能码 Pr.283 预置制动器抱紧时间 $t_{BB} = 1s$。

④ 变频器将工作频率下降至 0Hz。

小　结

1. 二次方律负载的典型代表是离心式风机和水泵，其阻转矩与转速的二次方成正比，而负载功率则和转速的三次方成正比。离心式风机和水泵在实施变频调速时，具有如下共同特点：

1）最高频率不应超过额定频率。

2）转矩提升应选择"低励磁"的 U/f 线。

3）加、减速时间都应预置得长一些，但两者的原因不同。

2. 在调节转速的过程中，负载的阻转矩保持不变的负载称为恒转矩负载。恒转矩负载实施变频调速时，需要注意的问题：

1）电动机在低频运行时的带负载能力问题。

2）电动机在起动过程中克服静摩擦转矩等问题。

恒转矩负载以尽量采用无反馈矢量控制方式为宜。

3. 负载的阻转矩和转速成反比，而功率保持不变的负载称为恒功率负载。恒功率负载在实施变频调速时，需要解决的基本问题是如何减小拖动系统的容量。

4. 恒功率负载的典型实例是卷绕机械。卷绕机械对变频调速系统的要求是实现恒张力控制。具体方法主要有两种：一是利用变频器的转矩控制功能；二是进行闭环的恒张力控制。

卷绕机械由于其最高速状态的持续时间很短，故可以通过尽量提高最高频率来减小系统容量。

5. 车床就其阻转矩的构成而言，具有恒转矩特点；但在高速切削时，由于受床身和刀具的机械强度的限制，只能进行恒功率切削。

6. 车床实施变频改造时，以采用两档传动比为宜。

7. 重力负载是恒转矩负载中的一种特例，其特殊之处在于：

1）在第Ⅳ象限运行时，电动机将在较长时间内处于再生（发电机）状态。

2）重物在空中停住时，必须借助电磁制动器的强力制动。而电磁制动器从松开到抱紧，以及从抱紧到松开的过程都需要时间。在此时间内，重物容易出现溜钩问题。变频器解决溜钩问题的基本对策是让电磁制动器的上述过程在极低频率下进行。

复习思考题

1. 二次方律负载的主要特点有哪些?

2. 二次方律负载在实行变频调速时,其上限频率为什么不能超过额定频率?

3. 风机和水泵都需要适当延长加、减速时间时,但两者的理由是不相同的,试进行说明。

4. 某传输机采用变频调速时将传动比减小了一些,结果满负载时电动机过载,发热严重,问题出在哪里?(最高工作频率为40Hz)

5. 某恒转矩负载的电动机数据:30kW,1470r/min,56.8A,采用变频调速后起动较困难,低频运行时电流偏大,如何解决?

6. 恒功率负载的主要特点有哪些?

7. 为什么说恒功率负载实现变频调速时的重要问题是减小系统容量的问题?

8. 什么是变频器的转矩控制功能?

9. 试分析商场的电动扶梯的工作状态。

附　录　▶▶▶▶▶▶

附录 A　变频调速系统实验

实验 1　变频器通电

1. 实验目的

1）了解变频器的外接主电路。

2）熟悉键盘上各键的功能。

3）学会变频器的功能预置。

2. 外接主电路和操作试验

外接主电路如图 A-1 所示，通电后，需要检查和操作的内容如下：

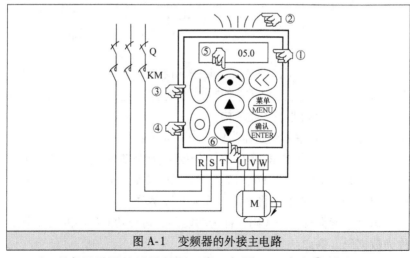

图 A-1　变频器的外接主电路

1）观察显示屏的显示是否正常，如图 A-1 中之①所示。

2）用手探测变频器上方的风扇处是否有风，如图 A-1 中之②所示。部分变频器的风扇有温控功能，需注意阅读说明书。

3）按起动键，如图 A-1 中之③所示，观察电动机是否起动；又按停止键，如图 A-1 中之④所示，观察电动机是否停止。

4）电动机起动后，按方向切换键，如图 A-1 中之⑤所示，观察电动机的旋转方向是否改变。

5）按升键和降键，如图 A-1 中之⑥所示。观察显示屏上的显示和电动机的旋转速度是否改变。

3. 切换显示内容

1）切换操作　按 ⟨⟨ 键，如图 A-2a 中⑦所示。

2）显示内容　显示的内容通过显示屏下方的单位来判别，如图 A-2b 所示。

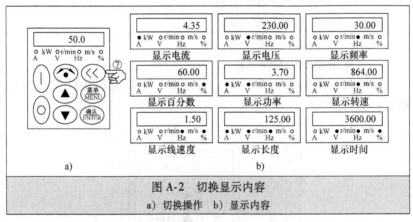

图 A-2　切换显示内容
a）切换操作　b）显示内容

（1）了解变频器的功能结构

以森兰 SB70 系列变频器为例，说明如下：

SB70 系列变频器将所有功能分成若干个功能组，分别是 F0、F1、F2、F3、F4、F5、F6、F7、F8、F9、FA、FB、FC、FD、FE、FF、FP、FU。说明书中将功能组称为一级菜单。

每个功能都有一个代码，称为功能码。每个功能码中的具体数据称为数据码。例如：

最大频率的功能码是"F0－06"，菜单级别是 F0，所以是 F0 菜单里的第 06 个功能（也叫参数）。

起动方式的功能码是 "F1 – 19"，菜单级别是 F1，所以是 F1 菜单里的第 19 个功能。

输入端子 X_5 的功能码是 "F4 – 04"，菜单级别是 F4，所以是 F4 菜单里的第 04 个功能。

以此类推。

（2）功能预置的步骤

以将输入端子 X_6 预置为自锁功能（说明书里称为 "三线式停机指令"）为例，说明如下：

首先要在功能表里查找输入端子 X_6 的功能码，是 "F4 – 05"，出厂设定的数据码是 "13"，意思是 "故障复位"，根据要求，应将数据码修改为 "37"，具体的操作步骤如图 A-3 所示。

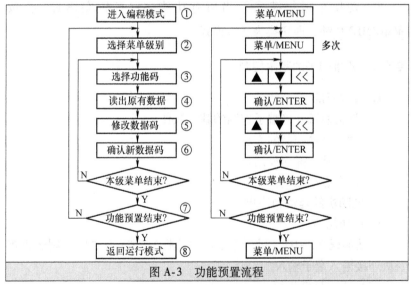

图 A-3　功能预置流程

1）切换至编程模式　变频器通电时，都处于运行模式的状态。通过按 菜单/MENU 键，变频器即进入编程模式。

2）找到所需功能组　变频器在刚进入编程模式时，都处于 F0 功能组（第一级菜单），而我们需要修改的功能在 F4 功能组，所以须连续按 菜单/MENU 键，直至找到 F4 功能组。

3）找到所需功能码 刚找到 F4 功能组时，功能码是"F4 – 00"，通过按 ▲ 键，找到功能码"F4 – 05"。

4）读出原有数据 按 确认/ENTER 键，一方面确认已经找到所需的功能码，同时读出该功能码中的原有数据，为"13"。

5）修改数据码 通过按 ▲ 键，将数据码修改成"37"。

6）确认新数据码 通过按 确认/ENTER 键，确认新的数据码。

7）预置下一功能 确认新数据码后，将自动转入同一功能组中的下一个功能码"F4 – 06"，从第（3）步开始继续进行。如果该功能组已经预置完毕，则按 菜单/MENU 键，转入下一个功能组，从第二步开始继续进行。

8）切换至运行模式 当所有功能都已预置完毕时，再按 菜单/MENU 键，即切换为运行模式了。

实验2 外接端子的基本控制

1. 实验目的

1）学会通过外接端子控制的基本操作。

2）学会自锁控制的方法。

3）学会升、降速控制。

4）学会点动控制。

2. 电动机的起动和停止

（1）功能预置

将功能码 F0 – 02（运行命令通道选择）预置为"1"，则运行指令从外接输入端子输入。

（2）正、反转运行

如图 A-4 所示。

1）正转 按下 SF，使 FWD 与 COM 接通，电动机即正转起动；松开 SF，电动机将停止。

2）反转 按下 SR，使 REV 与 COM 接通，电动机即反转起动；松开 SR，电动机将停止。

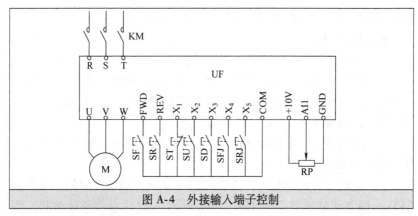

图 A-4　外接输入端子控制

（3）自锁控制

将功能码 F4 - 00（X_1 端子功能）预置为"37"，则输入端子 X_1 具有自锁功能：

按下 SF，电动机正转起动，松开 SF，电动机继续运行。

按下 ST，电动机停止。

按下 SR，电动机反转起动，松开 SR，电动机继续运行。

按下 ST，电动机停止。

（4）转速的调节

1）功能预置　将功能码 F0 - 01（主给定通道）预置为"3"，则 AI1 为主给定通道。

2）操作　旋动电位器 RP。

3. 升、降速控制

（1）功能预置

功能码 F4 - 01（X_2 端子功能）预置为"19"，则 X_2 端子具有升速（UP/DOWN 增）功能。

功能码 F4 - 02（X_3 端子功能）预置为"20"，则 X_3 端子具有降速（UP/DOWN 减）功能。

（2）操作

1）升速　按下 SU，变频器的输出频率上升，电动机加速；松开 SU，变频器的输出频率不再上升，电动机停止加速。

2）降速　按下 SD，变频器的输出频率下降，电动机减速；松开

SD，变频器的输出频率不再下降，电动机停止减速。

4. 点动控制

（1）功能预置

1）端子功能　功能码 F4 – 03（X_4 端子功能）预置为"14"，则端子 X_4 具有正转点动功能；功能码 F4 – 04（X_5 端子功能）预置为"15"，则端子 X_5 具有反转点动功能。

2）点动频率　功能码 F1 – 37（点动运行频率）预置为"20"，则点动时的运行频率为20Hz。

3）点动加、减速时间　功能码 F1 – 38（点动加速时间）预置为"15"，则点动加速时间为15s；功能码 F1 – 39（点动减速时间）预置为"10"，则点动减速时间为10s。

（2）操作

按下 SFJ，则电动机正转，工作频率为20Hz；松开 SFJ，电动机停止。

按下 SRJ，则电动机反转，工作频率为20Hz；松开 SRJ，电动机停止。

实验3　变频器各环节的电压和电流

1. 实验目的

1）了解实验室里电动机的负载及其工作特点。

2）了解在负载转矩不变的前提下，变频器的输入电流在不同频率时的变化规律。

3）比较用不同类型的电压表测量变频器输出电压的结果。

2. 电动机带负载

大多数电动机的负载有两种：

（1）磁粉制动器

磁粉制动器是利用磁粉间的吸引力产生制动转矩的装置，制动转矩的大小可通过改变励磁电流来进行调节。试验时，应使制动器的阻转矩保持不变，如图 A-5 中①所示。

（2）直流发电机

直流发电机以灯泡为负载，如图 A-6 所示。在磁通不变的前提下，直流发电机的制动转矩与输出电流成正比。为了保持磁通不变，应选用他励发电机。试验时，为了使发电机的阻转矩恒定，发电机的输出电流应保持不变，如图 A-6 中①所示。

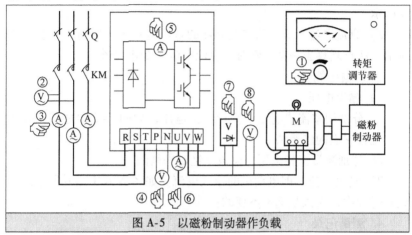

图 A-5　以磁粉制动器作负载

3. 测量要点

（1）输入侧

1）输入电压　如图 A-6 中之②所示，可以分别测量三相电压。应注意观察：因为电源网络中有单相负载，所以三相电压只能基本平衡。

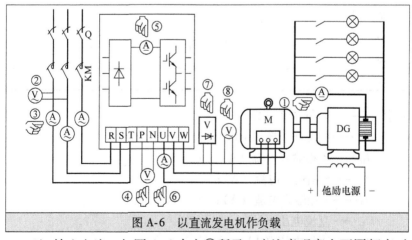

图 A-6　以直流发电机作负载

2）输入电流　如图 A-6 中之③所示，应注意观察在不同频率时三相电流的平衡情况。

（2）直流侧

1）直流电压 可以从变频器的输出端子上测量，如图 A-6 中之④所示。

2）直流电流 应串联在变频器的直流电路中，如图 A-6 中之⑤所示。注意观察当频率下降时，直流电流的变化情形。

（3）输出侧

1）输出电压

① 分别用整流式电压表测量输出电压，如图 A-6 中之⑦和⑧所示，比较它们的测量结果。

② 分别测量三相电压，应该是绝对平衡的。

2）输出电流 即电动机的输入电流，如图 A-6 中之⑥所示。在试验过程中，应该是基本不变的。

4. 测量记录

以上试验结果应记录在表 A-1 中。

表 A-1 变频器各环节的电压和电流

f_X /Hz	U_S /V	输入电流			直流侧		U_{OUT}		I_M /A
		I_R	I_S	I_T	U_D	I_D	整流表	其他表	
50									
40									
30									
20									
10									

表中 f_X——运行频率（Hz）；

U_S——电源线电压（V）；

I_R——R 相输入电流（A）；

I_S——S 相输入电流（A）；

I_T——T 相输入电流（A）；

U_D——直流电压（V）；

I_D——直流电流（A）；

U_{OUT}——输出侧电压（V）；

I_M——电动机电流（变频器的输出电流）（A）。

实验 4　加、减速实验

1. 实验目的

1）了解加速时间和起动电流的关系。

2）了解减速时间和直流电压的关系。

3）了解制动电阻和制动单元的作用。

2. 加速实验

以惯性较大的鼓风机为负载，实验电路如图 A-7 所示。图中，端子 X_1 预置为自锁功能。将频率给定放到最大位，如图 A-7 中之①所示。

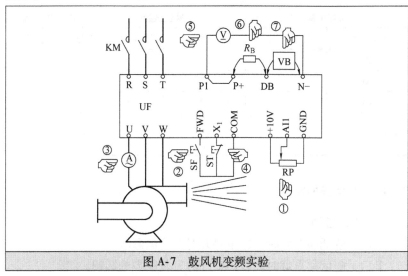

图 A-7　鼓风机变频实验

1）将加速时间预置为 30s。

2）按下起动按钮 SF，如图 A-7 中②所示。

3）观察电动机起动电流的最大值，如图 A-7 中③所示。

4）依次将加速时间缩短为 20s、10s、5s、1s，观察在不同加速时间起动电流的最大值。

3. 减速实验

1) 将减速时间预置为30s。

2) 按下停止按钮ST，如图A-7中④所示。

3) 观察直流电压的最大值，如图A-7中⑤所示。

4) 依次将减速时间缩短为20s、10s、5s、1s，观察在不同减速时间直流电压的最大值。

4. 试验制动电阻和制动单元的作用

1) 接入制动电阻和制动单元，如图A-7中⑥和⑦所示。

2) 重复上述减速试验，观察接入前后的异同。

5. 实验记录

见表A-2。

表A-2　加、减速实验记录

加速试验		减速试验		接入能耗电路
加速时间/s	最大起动电流/A	减速时间/s	最大直流电压/V	最大直流电压/V
30		30		
20		20		
10		10		
5		5		
1		1		

实验5　U/f线的实验

1. 实验目的

1) 了解低频轻载时，转矩提升对电流的影响。

2) 了解低频重载时，转矩提升对带载能力的影响。

3) 学会针对负载轻重预置转矩提升量的方法。

4) 了解改变基本频率对额定频率时带载能力的影响。

2. 转矩提升试验

（1）二次方律负载

以鼓风机作为二次方律负载的代表，如图A-8a所示。将给定频率调节至10Hz，如图A-8中之①所示。试验步骤如下：

1）将功能码 F2 – 00 预置为 "1"，选择线性 U/f 线。

将功能码 F2 – 01 预置为 "1"，选择 "手动提升" 方式。

2）测量在不同的转矩提升量（由功能码 F2 – 02 预置）时的电压和电流，如图 A-8 中②和③所示。

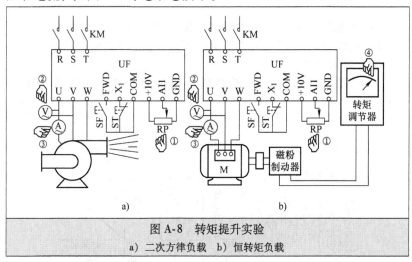

图 A-8　转矩提升实验

a）二次方律负载　b）恒转矩负载

① 转矩提升量分别为 10%、5%、0。

② 将功能码 F2 – 00 预置为 "6"，选择二次方律低励磁 U/f 线。

（2）恒转矩负载

以磁粉制动器为负载，如图 A-8b 所示，为了使电动机处于重载状态，将电动机的负载率调节至 95%，如图 A-8 中④所示。其余步骤与上同，但不选择低励磁 U/f 线。

（3）实验记录

见表 A-3。

表 A-3　转矩提升实验记录

转矩提升 /U_C%	二次方律负载		恒转矩负载	
	U_{OUT}	I_M	U_{OUT}	I_M
10%				
5%				
0				
低励磁 U/f 线				

表中　$U_C\%$——转矩提升量；

　　　　U_{OUT}——变频器的输出电压（V）；

　　　　I_M——电动机电流（A）。

3. 基本频率的实验

（1）主要功能预置

1）功能码 F0 - 06（最大频率）预置为 60Hz。

2）功能码 F2 - 13（最大输出电压）预置为 380V。

（2）实验条件

调节转矩调节器，使电动机的负载率为 95%，如图 A-9 中④所示。

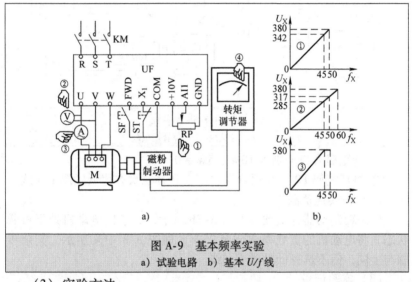

图 A-9　基本频率实验

a）试验电路　b）基本 U/f 线

（3）实验方法

1）将基本频率（功能码 F2 - 12）预置为 50Hz，调节电位器 RP，使变频器的输出频率为 50Hz，如图 A-9 中之①所示，测量变频器的输出电压和电流，如图 A-9 中之②和③所示。

再将变频器的输出频率为 45Hz，测量变频器的输出电压和电流。

2）将基本频率预置为 60Hz，将变频器的输出频率调节为 50Hz，测量变频器的输出电压和电流。再将变频器的输出频率调节为 45Hz，测量变频器的输出电压和电流。

3）将基本频率预置为 45Hz，将变频器的输出频率调节为 50Hz，测量变频器的输出电压和电流。再将变频器的输出频率调节为 45Hz，测量变频器的输出电压和电流。

（4）实验记录

见表 A-4。

表 A-4　基本频率实验记录

运行频率/Hz	$f_{BA}=50Hz$		$f_{BA}=60Hz$		$f_{BA}=45Hz$	
	U_{OUT}	I_M	U_{OUT}	I_M	U_{OUT}	I_M
50						
45						

表中　f_{BA}——基本频率（Hz）；

$\quad\quad U_{OUT}$——变频器的输出电压（V）；

$\quad\quad I_M$——电动机的工作电流（A）。

实验 6　多档转速控制

1. 实验目的

1）学会进行多档转速控制时需要预置的功能。

2）掌握进行多档转速控制的电路。

2. 功能预置

控制电路如图 A-10 所示。

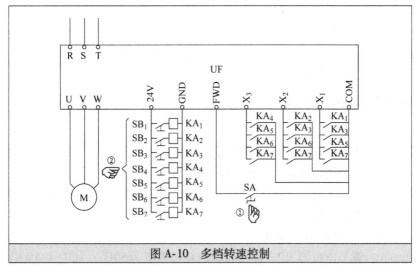

图 A-10　多档转速控制

（1）端子功能

1）功能码 F4 – 00 预置为"1"，则端子 X_1 为多段频率选择 1（二进制的最低位）。

2）功能码 F4 – 01 预置为"2"，则端子 X_2 为多段频率选择 2（二进制的中间位）。

3）功能码 F4 – 02 预置为"3"，则端子 X_3 为多段频率选择 3（二进制的最高位）。

（2）各档工作频率

1）功能码 F4 – 18 预置为"20"，则第一档工作频率为 20Hz。

2）功能码 F4 – 19 预置为"25"，则第一档工作频率为 25Hz。

3）功能码 F4 – 20 预置为"30"，则第一档工作频率为 30Hz。

4）功能码 F4 – 21 预置为"35"，则第一档工作频率为 35Hz。

5）功能码 F4 – 22 预置为"40"，则第一档工作频率为 40Hz。

6）功能码 F4 – 23 预置为"45"，则第一档工作频率为 45Hz。

7）功能码 F4 – 24 预置为"50"，则第一档工作频率为 50Hz。

3. 操作

（1）起动

用旋钮开关 SA 使端子 FWD 得到信号，如图 A-10 中之①所示，电动机起动。

（2）改变转速

在按钮开关 SB_1 ~ SB_7 中任选一个按下，观察电动机的转速是否与所预置的频率相符。

实验7　机械特性实验

1. 实验目的

1）了解进行机械特性实验的条件。

2）掌握进行机械特性实验的方法。

3）做出机械特性曲线，并分析频率下降对机械特性的影响。

2. 实验方法

（1）转矩提升量为0

1）调节电位器 RP，使变频器的输出频率为 50Hz，如图 A-11 中之①所示。

2）将磁粉离合器的阻转矩由小逐渐调大，如图 A-11 中之②所示。

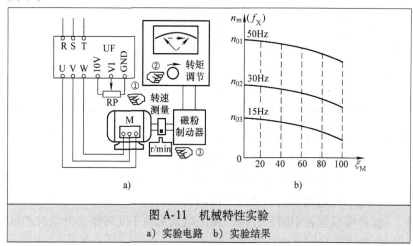

图 A-11 机械特性实验

a）实验电路 b）实验结果

3）磁粉离合器每调节一次阻转矩，都要测量一次转速，如图 A-11 中之③所示。

4）将频率降到 30Hz，重复上述试验。

5）将频率再降到 15Hz，重复上述试验。

（2）转矩提升量 $U_C = 8\%$

重复上述试验。

3. 实验记录

见表 A-5 所示。

表 A-5 机械特性实验记录

$U_C/\%$	$\xi_M/\%$	$f_X/$ Hz	n_M	$f_X/$ Hz	n_M	$f_X/$ Hz	n_M
0	0	50		30		15	
	20						
	40						
	60						
	80						
	100						

（续）

U_C/%	ξ_M/%	f_X/ Hz	n_M	f_X/ Hz	n_M	f_X/ Hz	n_M
8	0	50		30		15	
	20						
	40						
	60						
	80						
	100						

表中　U_C——转矩提升量（%）；

　　　ξ_M——电动机的负载率（%）；

　　　f_X——变频器的输出频率（Hz）；

　　　n_M——电动机的转速（r/min）。

读者可根据表中所列数据，做出电动机在不同转矩提升量时的机械特性曲线，如图 A-11b 所示。

实验8　低频负载电流实验

1. 实验目的

1）了解进行低频负载电流实验的条件。

2）了解在低频运行时，负载轻重对电动机电流的影响。

2. 实验条件

低频负载电流试验是指在低频运行时，电动机的电流与负载转矩之间的关系，实验条件如下：

（1）转矩提升量

预置 $U_C = 10\%$。

（2）运行频率

调节 RP，将运行频率调到 15Hz。

（3）负载率

调节磁粉离合器的阻转矩，使电动机的负载率 $\xi_M = 100\%$

3. 实验方法

（1）测量数据

读取电动机的运行电流 I_M，如图 A-12a 中之③所示。

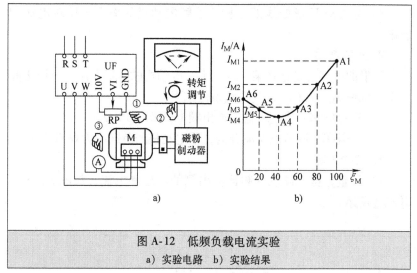

图 A-12 低频负载电流实验
a) 实验电路 b) 实验结果

（2） $I_M = f(T_L)$ 曲线

将磁粉离合器的阻转矩由大逐渐调小，如图 A-12 中之②所示。磁粉离合器每调节一次阻转矩，都要读取一次电流，从而得到电动机的电流和阻转矩之间的关系。

4. 实验记录

见表 A-6。

表 A-6 低频负载电流实验记录

ξ_M/%	100	80	60	40	20	0
I_M/A						

表中 I_M——电动机的运行电流（A）。

根据表中所列数据，可画出 $I_M = f(T_L)$ 曲线，如图 A-12b 所示。

实验 9 U 形曲线实验

1. 实验目的

1）了解做出 U 形曲线的条件。

2）掌握做出 U 形曲线的方法。

3）通过对 U 形曲线的分析，了解电动机的输入电压对电流的影响。

2. 实验条件

U 形曲线试验是指在某一频率下，电动机的运行电流和电压之间的关系曲线 $I_M = f(U_X)$，其实验条件如下：

1）运行频率　将变频器的输出频率调节至 10Hz。

2）负载率　调节磁粉离合器，使电动机的负载率为 60%。

3. 实验方法

1）测量数据　读取变频器输出侧的电压和电流，如图 A-13 中③和④所示。

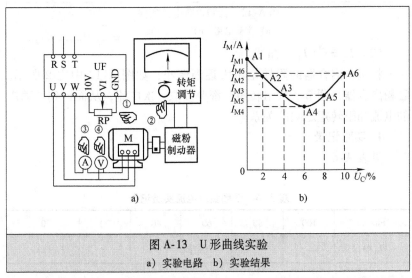

图 A-13　U 形曲线实验

a）实验电路　b）实验结果

2）$I_M = f(U_1)$ 曲线　将功能码 F2 – 02（转矩提升量）依次预置为 0%、2%、4%、6%、8%、10%，得到不同的电压值，并测量出电动机在不同电压时的电流。

4. 实验记录

见表 A-7 所示。

表 A-7　U 形曲线实验记录

U_C/%	0	2	4	6	8	10
U_X/V						
I_M/A						

表中　U_C——转矩提升量（%）；

　　　U_X——变频器的输出电压（V）；

　　　I_M——电动机的运行电流（A）。

根据表中所列数据，画出 $I_M = f(U_X)$ 曲线，如图 A-13b 所示。

读者可以进一步做出在不同负载率时的 U 形曲线。

实验 10　恒压供水实验

1. 实验目的

1）掌握利用电接点压力表实现恒压供水的控制方法。

2）掌握利用压力传感器实现恒压供水的控制方法。

3）了解闭环控制时 P、I、D 的作用。

4）掌握调整 P、I、D 的方法。

2. 利用电接点压力表

（1）电路特点

1）水泵接变频器的输出端 U、V、W，如图 A-14 所示。

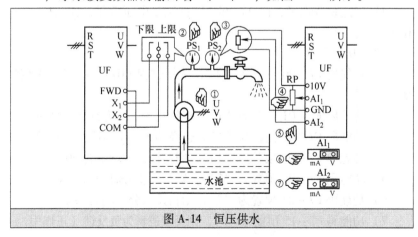

图 A-14　恒压供水

2）图 A-14 中的②所示是电接点压力表 PS_1，假设所要求的水压是 0.2MPa，则下限指针调至 0.19MPa，上限指针调至 0.21MPa。

3）压力表的指针接公共端 COM；下限接点接输入端子 X_1，上限接点接输入端子 X_2。

（2）功能预置

功能码 F4-00 预置为"19"，则 X_1 端子为升速（UP）功能。

功能码 F4-01 预置为"20"，则 X_2 端子为降速（DOWN）功能。

（3）实验方法

1）开大水龙头，使压力下降，观察压力表的状态和水泵的转速变化。

2）关小水龙头，使压力上升，观察压力表的状态和水泵的转速变化。

3. 利用远传压力表

（1）电路特点

1）压力传感器采用图 A-14 中③所示的远传压力表 PS_2。

2）目标信号从电位器 RP 上取出，从 AI_1 端子输入，如图 A-14 中之④所示。

3）远传压力表 PS_2 上得到的反馈信号从 AI_2 端子输入如图 A-14 中之⑤所示。

4）通过跳线选择，使 AI_1 和 AI_2 都接受电压信号，如图中之⑥和⑦所示。

（2）功能预置

1）功能码 F7-00 预置为"1"，选择过程 PID 控制，即 PID 控制功能有效。

2）功能码 F7-01 预置为"1"，选择端子 AI_1 为目标信号通道。

3）功能码 F7-02 预置为"1"，选择端子 AI_2 为反馈信号通道。

4）功能码 F7-05 预置为"50"，则初设比例增益为 50。

5）功能码 F7-06 预置为"20"，则初设积分时间为 20s。

6）功能码 F7-07 预置为"2"，则初设微分时间为 2s。

7）功能码 F7-15 预置为"0"，则反馈逻辑为负反馈（正作用）。

8）读者自行设计电动机的起动和停止控制电路。

（3）实验方法

假设远传压力表的量程是 0～1MPa，所需压力为 0.2MPa。

1）调节电位器 RP，使目标值显示为 20%。

2）起动电动机，并通过开大或关小水龙头，观察压力表的状态。

3）通过功能码 F7 – 05 加大或减小比例增益，并不断改变水龙头的开度，以体验比例增益的作用。

4）通过功能码 F7 – 06 加大或减小积分时间，并不断改变水龙头的开度，以体验积分时间的作用。

5）将 P 和 I 调节到最佳状态，最佳状态的体现是在快速改变水龙头开度时，压力表的指示能够保持平稳。

附录 B　几种自制器件

B.1　整流电压表

1. 整流电压表电路

整流电压表电路如图 B-1 中的方框①所示。变频器的输出电压 U_X 经全波整流后接直流电压表②。市场上通常买不到大量程的直流电压表，所购小量程电压表必须串联附加电阻 R_A。又因为很难有阻

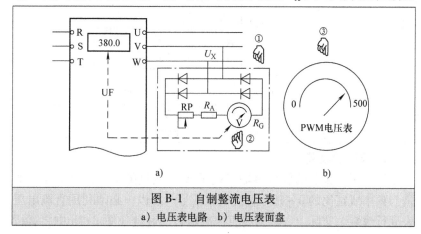

图 B-1　自制整流电压表

a) 电压表电路　b) 电压表面盘

值正好的 R_A，所以又要串联一个电位器 RP 进行微调。

2. 附加电阻的计算

设：所购直流电压表的量程为 100V，内阻为 102.4kΩ。

则：被测电压为 100V 时的电流为

$$I_A = \frac{100}{102.4} = 0.98\text{mA}$$

被测电压为 500V 时的总内阻为

$$R_\Sigma = \frac{500}{0.98} = 510.2 \text{ k}\Omega$$

应串联的外接电阻为

$$510.2 - 102.4 = 407.8 \text{ k}\Omega$$

选 $$R_X = 400 \text{ k}\Omega$$

$$RP = 10 \text{ k}\Omega$$

B.2　外接频率表

这里的外接频率表是指利用变频器的外接模拟量输出端子 AO1 而制作的频率表，如图 B-2a 中的①所示。

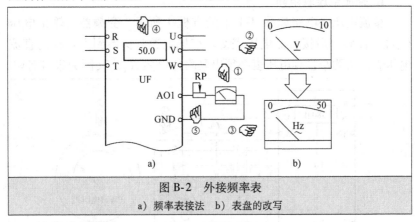

图 B-2　外接频率表

a）频率表接法　b）表盘的改写

1. 仪表的改装

当利用变频器的模拟量输出端子 AO1 测量频率时，AO1 输出的是与频率成正比的 0～10V 直流电压信号。所以，必须利用直流电压表进行改装。实际上，只需将直流电压表的表盘（图 B-2b 中之②所示）改写成如图 B-2b 中之③所示即可。"频率表"的量程可视用户的需要而定。

2. 功能预置

功能码 F6 – 14 预置为"1"，则 AO1 输出的是与给定频率成正比的电压信号。

功能码 F6 – 15 预置为"0"，则 AO1 输出的是 0 ~ 10V 直流电压信号。

3. 读数的校准

1）将给定频率调节到最高频率，如图 B-2a 中之④所示。

2）将电位器 RP 调节为 0Ω，又通过功能码 F6 – 08 将增益调节得使 AO1 的最大输出信号略大于 10V。

3）调节 RP，如图 B-2a 中之⑤所示，使频率表的指针指示与最大量程相符。

B.3　自制制动电阻

1. 假设条件

1）电动机数据　2.2kW、1420r/min、5A。

2）基本计算

① 所需制动电流

$$I_B = (0.4 \sim 0.5) I_{MN}$$
$$= (0.4 \sim 0.5) \times 5$$
$$= 2 \sim 2.5A$$

② 所需制动电阻

将直流电压的上限值定为 680V，则所需制动电阻值为

$$R_B = \frac{U_{DH}}{I_B} = \frac{680}{2} \sim \frac{680}{2.5}$$
$$= 340 \sim 272\Omega$$

2. 用电热管制作制动电阻

1）单根电热管数据　今选 220V、250W 的电热管，其电阻值为

$$R_{B0} = \frac{U^2}{P} = \frac{220^2}{250} = 193.6\Omega$$

式中　R_{B0}——每根电热管的电阻（Ω）；

U——电热管的额定电压（V）；

P——电热管的额定功率（W）。

计算所得是热态时的电阻值，冷态时略小：

$$R_{B0} = 193\Omega$$

2）三根串联后的等效电阻

因为直流电压的上限值是 680V，而电热管的额定电压只有 220V，所以必须将三根电热管串联成一组，则每组电热管的等效电阻为

$$R_{B3} = 3R_{B0} = 3 \times 193 = 579\Omega$$

式中　R_{B3}——3 根电热管串联后的等效电阻（Ω）。

3）计算并联支路数　假设需要有 n 组电热管并联，则

$$R_B = \frac{R_{B3}}{n}$$

式中　n——并联支路数；

R_B——并联后的等效电阻（Ω）。

$$n = \frac{R_{B3}}{R_B} = \frac{579}{340} \sim \frac{579}{272} = 1.7 \sim 2.1$$

选　　　　　　　　　　　$n = 2$

就是说，需要 6 根电热管，如图 B-3 所示。

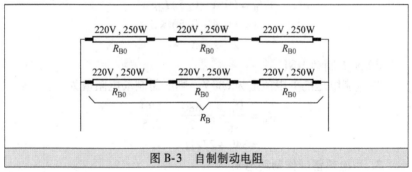

图 B-3　自制制动电阻

B. 4　自制制动单元

1. 电路和原理

1）电路　如图 B-4 所示，稳压管 VZ 的作用是尽量降低 M 点与

N 之间的电压 U_M。NT 是 555 时基电路，VT 是 IGBT。

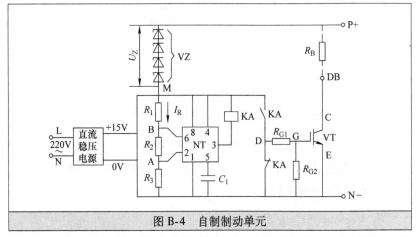

图 B-4　自制制动单元

2）原理　当变频器的直流电压超过上限值，使 NT 的②脚电压 $U_A > 5V$，⑥脚电压 $U_B > 10V$ 时，③脚输出低电位，继电器 KA 得电，其动合触点闭合，动断触点断开，VT 导通，制动电阻接入电路，直流电路的滤波电容将通过制动电阻放电。

当直流电压低于上限值，使 NT 的②脚电压 $U_A < 5V$，⑥脚电压 $U_B < 10V$ 时，③脚输出高电位，继电器 KA 失电，其动合触点断开，动断触点闭合，VT 截止，滤波电容停止放电。

2. 元器件的选择

1）直流稳压电源　可在市场上购置 15V 稳压电源，但最好在接入假负载的情况下，用示波器观察其输出电压的纹波如图 B-5 所示。图中，R_L 是假负载，其电阻值应使稳压电源的负载率为 80% ~ 100%。

如果输出电压的纹波较大，则在稳压电源的输出端应接入滤波电容器，如图中之 C_F 所示。

2）稳压管 VZ 的选择　应尽量选稳压值较大者，最好能使 $U_M \leqslant (200 \sim 300)$ V。

3）直流电压的上限值　为了使实验 4 中，容易观察接入制动电阻和制动单元后的效果，直流电压的上限值应定的低一些，现定为 620V。

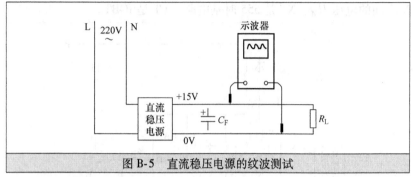

图 B-5 直流稳压电源的纹波测试

4）电阻的选择 假设流经 R_1、R_2、R_3 的电流为 $I_R = 4\text{mA}$，则

① R_3 R_3 的选择如下：

$$R_3 = \frac{U_A}{I_R} = \frac{5}{4} = 1.25\text{k}\Omega$$

② R_2 R_2 应略小于 R_3，使 VT 导通时的直流电压和截止时的直流电压之间有回差。例如，$U_D > 620\text{V}$ 时，VT 导通；$U_D < 610\text{V}$ 时，VT 截止。

③ R_1 R_1 的计算公式为

$$R_1 = \frac{U_M - U_B}{I_R}$$

式中 U_M——图 B-4 中，M、N 间的电压（V）；

U_B——图 B-4 中，B、N 间的电压（V）；

I_R——图 B-4 中，流经 R_1、R_2、R_3 的电流（A）。

④ R_{G1} 和 R_{G2} 取：

$$R_{G1} = 300\Omega$$
$$R_{G2} = 1\text{k}\Omega$$

附录 C 无触点快速制动器

C.1 快速制动器简介

在许多生产机械中，常常需要快速而准确地停住。例如，在万能铣床里都是通过反接制动实现的；在炼胶机上是利用电磁制动器实现等。但都存在着许多不足，或故障率高，或制动不精准，或耗能大等。无触点快速制动器则非但故障率低，制动精准，且耗能很小。

1. 原理与计算

制动器特点：

1）制动方式　本制动器的制动方式属于异步电动机的能耗制动。是在停机时向定子绕组里通入直流电流，故也称直流制动，如图 C-1a 所示。其制动原理：

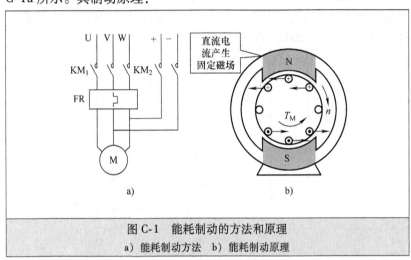

图 C-1　能耗制动的方法和原理

a）能耗制动方法　b）能耗制动原理

当定子绕组里通入直流电流后，所产生的磁场是在空间不动的固定磁场，转子由于惯性继续旋转时，其绕组将切割固定磁场而产生感应电动势和感应电流，感应电流又受到磁场的作用力而形成制动转矩，如图 C-1b 所示。

2）停电时的制动能源　停电时，电源没有了，由谁来提供直流电呢？只能依靠储存的电能来提供。考虑到电解电容器已能做到法拉级，使储存足够的电能成为可能。即停电时可以由储存在电解电容器上的电荷来提供直流电流。

3）储能电路耗电的最小化　能耗制动时，向电动机绕组里通入的直流电流是较大的，如果在制动时向电源也索取同样大的电流，则非但设备费用昂贵，消耗电能也多，并不可取。

考虑到制动的时间十分短促，而生产机械停机的频率一般不可能十分频繁。即每两次停机之间的时间间隔通常是较长的。所以，电容器可以用很小的电流充电，充电时间即使长达十几分钟也是允许的。因此，可以实现小电流充电，大电流放电。

2. 主电路

（1）储能元件的充放电

如上述，主电路的核心是储能元件——电解电容器。如图 C-2 所示，SS 是低压直流电源，其输出电压 U_{D1} 的大小决定了电容器 C_1 对电动机的放电电流，所以和电动机所要求的制动转矩有关。根据实践经验，取 $U_{D1} = 30V$，其制动转矩即已足够。

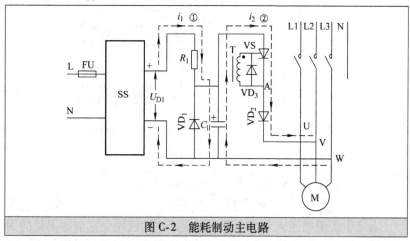

图 C-2　能耗制动主电路

U_{D1} 通过电阻 R_1 向电容器 C_1 充电，如图 C-2 中之曲线①所示。R_1 的电阻值可以很大，故充电电流 i_1 很小，充电时间可长达（1～10）min 以上。二极管 VD_1 用于保护 C_1，因为电动机的绕组会有续流电流，而电解电容器是不允许承受反方向电压的，所以 VD_1 既是电动机绕组的续流二极管，同时也对 C_1 起到了保护作用。

曲线②是电容器 C_1 通过晶闸管 VS 和二极管 VD_2 向电动机绕组放电的路径，由于电动机的等效阻抗很小，故放电电流 I_2 很大。二极管 VD_2 的作用有二：

1）防止在制动瞬间，电动机的反电动势将 A 点的电位提高，影响 VS 的触发效果。

2）当 C_1 放电完毕后，提高一点 A 点的电位，使 VS 两端的电压更低，确保 VS 的截止。

（2）主要元器件的选择

1）电阻 R_1　以尽量减小充电电流，从而减小直流电源 SS 的容量为原则。

选　　　　　　　　　$R_1 = 10\text{k}\Omega/0.5\text{W}$

2）电容器 C_1　以能够向电动机提供足够的制动电流为原则。

选　　　　　　　　　$C_1 = 50000\mu\text{F}/100\text{V}$

这样，充电时间常数为

$$\tau = R_1 C_1 = 10^4 \times 50000 \times 10^{-6} = 500\text{s} = 8.3\text{min}$$

如果每次的停机时间不足 8min 的话，可通过适当减小 R_1 进行调整。

3. 停电的采样电路

（1）基本要求

必须避免在电源电压尚未消失的状态（包括断相）下向电动机通入直流电流。

（2）采样电路

如图 C-3 所示。

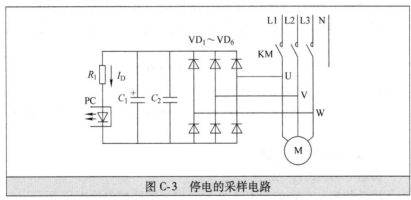

图 C-3　停电的采样电路

正常工作时，接触器 KM 得电，电动机侧的三相电压经 $\text{VD}_1 \sim$ VD_6 全波整流后将电流 I_D 通入光耦合器 PC 的二极管中，光耦合管处于导通状态。

停机时，接触器 KM 断开，电动机侧的三相电压为 0V，光耦合器 PC 的二极管电流 $I_D = 0\text{A}$，处于截止状态。

（3）主要元器件的选择

1）光耦合管　选 PC817 光耦合管，其主要参数：

二极管正向压降：$\leqslant 1.2V$；

二极管正向电流：$I_D \leqslant 50mA$；

电流传输比：实测结果：$CTR = 200\%$；

晶体管饱和压降：$U_{CES} = 0.1V$；

晶体管电流：$I_T \leqslant 50mA$。

2）滤波电容器 C_1　C_1 太小，影响滤波效果；太大，又会影响停电时的反应灵敏度。现选

$$C_1 = 470\mu F/1000V$$

3）抗干扰电容器 C_2　由于滤波用的电解电容器具有一定量的分布电感，不能吸收外来的高频干扰信号。C_2 就是用来吸收高频干扰信号的。可选

$$C_2 = 0.047\mu F/1000V$$

4）限流电阻 R_1　R_1 用于将流入光耦合管的电流限制在允许范围内。

正常时，三相电源线电压的有效值 $U_S = 380V$，振幅值为 537V，经三相全波整流后的平均电压为 513V。PC 的二极管电流设定为 10mA。则

$$R_1 = 513/10 = 51.3k\Omega$$

选标称值 $\qquad R_1 = 47k\Omega/7W$

5）整流二极管 $VD_1 \sim VD_6$　选 1N4007，最大反向峰值电压为 700V。

4. 晶闸管的控制电路

普通电动机的停机控制：

停机的控制电路如图 C-4 所示，控制电路的电源电压取 $U_{D2} = 15V$。图中的 PC_2 是晶闸管的触发集成电路，PC_2 各引脚的功能如下：

1）1 脚和 2 脚是低压直流电源的输入端。

2）3 脚和 4 脚是停电信号的输入端。

3）5 脚和 6 脚是脉冲信号的输出端。

TP 是脉冲变压器。

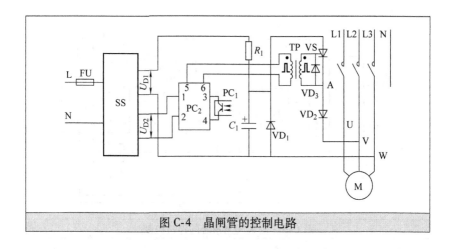

图 C-4　晶闸管的控制电路

正常运行时，PC_1 的二极管中有电流，晶体管导通，PC_2 的 3 脚为低电位，5 脚和 6 脚并无脉冲输出。

停机时，PC_1 二极管中的电流突降为 0A，晶体管截止，PC_2 的 3 脚翻转为高电位，5 脚和 6 脚将输出脉冲信号，并通过脉冲变压器 TP 将脉冲信号传递给晶闸管 VS 的触发极，VS 导通，电容器 C_1 通过 VS 和 VD_2 向电动机放电，使电动机因得到直流电流而迅速停住。

C_1 的放电过程很快就结束，U_{D1} 又开始通过 R_1 向 C_1 充电，为下一次的停机做准备。

由于晶闸管一旦导通之后，就不再截止。所以，即使电源 SS 已经因停电而没有电压了，电容器 C_1 的放电过程仍将继续，直至放电完毕。

C.2　变频调速系统的停机控制

1. 变频调速的工作特点

（1）变频调速的主电路

在变频调速系统中，电网的电源线并不直接和电动机相接，而只接至变频器的进线端（R、S、T），变频器的输出端（U、V、W）和电动机相接，如图 C-5 所示。

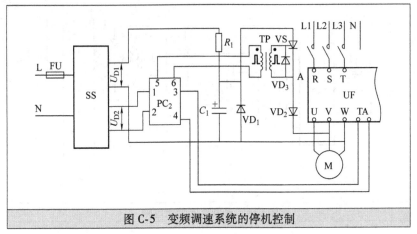

图 C-5　变频调速系统的停机控制

（2）变频器的保护功能

当变频器发生故障（如过电流、过电压、欠电压、过热等）时，内部的 CPU 将首先封锁 6 个逆变管，使它们都处于截止状态，变频器不再有输出电压，电动机将停止运行。

与此同时，变频器内部的故障继电器 TA 动作，向外电路发出故障信号。

（3）变频器的直流制动

变频器本身也有直流制动功能，但是它只能用于减速过程中的加快停机。当变频器发生故障或电源停电时，变频器内部的直流制动将无能为力。

2. 变频调速系统的快速制动

（1）主电路

快速制动时，外部的直流电流只能通入到电动机去，所以必须和变频器的输出端相接，如图 C-5 所示。

（2）采样与控制

电动机进行能耗制动时，外部的直流电压绝对不允许和变频器输出的交流电压相叠加，否则，非但使电动机的制动电流过大，也容易损坏变频器。为此，利用变频器内部故障继电器的输出端子作为停电时的采样是十分理想的。一方面使控制电路变得十分简单；另一方面因为变频器的故障继电器动作时，变频器的逆变电路已经封锁，保证了外部的直流电压是在变频器无输出状态下通入的，如图 C-5 所示。

当变频器在关机或停电时，都将发出"欠电压"信号，令故障继电器 TA 的动合（常开）触点闭合，发出故障信号，从而可实现迅速停机。除此以外，无论变频器发生什么故障时，都能够使电动机迅速停住。

C. 3　快速制动器的外部接线

1. 电动机接工频电源

如图 C-6a 所示是电动机接工频电源时的接线图，所用快速制动器是 WKZ – Ⅰ型。需要注意的是制动器的电源线（L，N）应该和控制电路的电源一致，如图 C-6a 中之 A 点所示。使 L3 断相时，也能迅速停机。

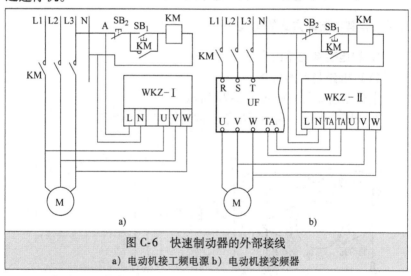

图 C-6　快速制动器的外部接线

a）电动机接工频电源　b）电动机接变频器

2. 电动机接变频器

电动机接变频器后，快速制动器的接线如图 C-6b 所示，所用快速制动器是 WKZ – Ⅱ型。制动器的电源线（L，N）不必和控制电路的电源一致，万一发生断相故障时，变频器将自行发出断相信号，使制动器动作。

3. 应用场合和主要优点

（1）应用场合

主要使用在使三相交流异步电动机迅速而准确地停住的场合，包括：

1）电动机切断电源后要求迅速停机者。

2）突然停电时要求迅速停机者。

3）在变频调速系统中，当变频器发生故障时。

（2）主要优点

1）使用简便可靠。

2）体积小。

3）制动时消耗功率小。

4）在电源停电瞬间也能快速停机。

C.4 和其他制动方式的比较

1. 和电磁制动器比

（1）电磁制动器简介

电磁制动器的结构如图 C-7a 所示。

在线圈通电前，制动瓦处于将制动轮抱紧的状态。

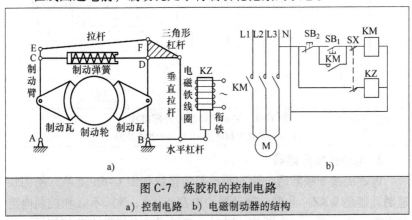

图 C-7　炼胶机的控制电路

a）控制电路　b）电磁制动器的结构

当衔铁被吸入后，水平杠杆和垂直拉杆都向上移动，使三角形杠杆逆时针旋转，一方面 D 点将右移；另一方面拉杆 EF 左移，C 点也随之左移，结果两侧的制动瓦松开，制动轮能够旋转。这时，制动弹簧处于被压缩的状态。

当线圈断电后，由于制动弹簧的作用，又恢复为制动瓦抱紧制动轮的状态。因此，它能够在断电的情况下使生产机械迅速地停住。

在橡胶机械中，应用比较普遍。以炼胶机为例，其主要控制电路如图 C-7b 所示。从人身安全考虑，紧急时用接近开关（行程开关）SX 接通电磁制动器 KZ，使机械迅速停机。实际操作工不管紧急与否，都用 SX 来停机。

（2）主要缺点

1）电磁制动器结构复杂、体积大、故障率高。

2）电磁制动器使用次数多了，制动轮和制动瓦之间常有滑动，停机的可靠性较差。

3）电磁制动器在线圈通电瞬间，冲击电流较大，使 SX 的触点容易损坏。

4）电磁制动器在停机过程中消耗功率较大。

2. 和反接制动比

在一些需要快速停机的生产机械中，反接制动也是常常采用的方法。以万能铣床为例，其主要控制电路如图 C-8 所示。

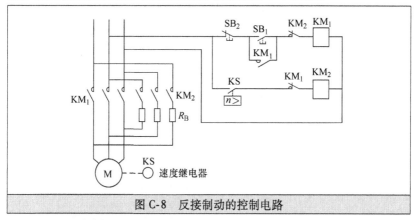

图 C-8　反接制动的控制电路

（1）反接制动的方法

制动时，令反向接触器 KM₂ 得电，使电动机反向运行，在电动机从正转运行到反转运行的过程中，当速度降为 0 的瞬间，由速度继电器 KS 使 KM₂ 断电。图 C-8 中，电阻 R_B 是用来减小在反接瞬间的电流的。

（2）主要缺点

1）由于速度继电器的动作与弹簧的弹力有关，动作的次数多了，弹簧的弹力因疲劳而发生变化，动作很难十分准确。所以，反接制动在停机时常伴有轻微的正转或反转，不能可靠地停住。

2）反接制动时，用于反接的接触器和速度继电器的故障率都较高。

3）反接制动时，制动电阻的耗能较大。

4）停电时，不能使机器迅速停住。